# 好玩的 Scratch

少儿游戏编程
从基础到实践

张子红 编著

电子工业出版社
Publishing House of Electronics Industry
北京·BEIJING

## 内容简介

从应用类型的角度，Scratch分为互动游戏、数字故事和创新应用三大类；从应用深度的角度，Scratch分为基础知识和高级应用两类。本书的主要目的是在向读者详细介绍Scratch所有功能的基础上，运用大量的案例，配合专业的思维导图工具——百度脑图，训练读者的思维。让读者通过百度脑图，借助Scratch表达自己的创意，同时培养创新力。

本书包括19章，第1章介绍安装、注册等准备工作；第2章介绍了一个Scratch游戏的完整设计制作过程；第3~14章，用案例+图示+思维导图的方式，详细介绍了Scratch的所有功能；最后5章，分析、设计、制作了5个大型项目。

本书适合中小学学生、Scratch初学者和Scratch培训机构使用。

未经许可，不得以任何方式复制或抄袭本书之部分或全部内容。
版权所有，侵权必究。

图书在版编目（CIP）数据

好玩的Scratch：少儿游戏编程从基础到实践 / 张子红编著. —北京：电子工业出版社，2017.10
ISBN 978-7-121-32661-5

Ⅰ.①好… Ⅱ.①张… Ⅲ.①程序设计 Ⅳ.①TP311.1

中国版本图书馆CIP数据核字（2017）第221063号

策划编辑：张月萍
责任编辑：刘　舫
印　　刷：中国电影出版社印刷厂
装　　订：中国电影出版社印刷厂
出版发行：电子工业出版社
　　　　　北京市海淀区万寿路173信箱　　邮编：100036
开　　本：720×1000　1/16　　印张：15.75　　字数：336千字
版　　次：2017年10月第1版
印　　次：2018年12月第4次印刷
印　　数：5201~6200册　　定价：69.00元

凡所购买电子工业出版社图书有缺损问题，请向购买书店调换。若书店售缺，请与本社发行部联系，联系及邮购电话：（010）88254888，88258888。
质量投诉请发邮件至zlts@phei.com.cn，盗版侵权举报请发邮件至dbqq@phei.com.cn。
本书咨询联系方式：010-51260888-819，faq@phei.com.cn。

# 前　言

　　逻辑思维能力、想象力和创造力是中国学生发展核心素养的重要内容，是国内推行 STEAM 教育最方便的途径。

　　关于 Scratch 的文章很多，但大多比较零散，不够系统和完整，有些甚至只从方法层面谈了如何做。本书系统全面地介绍了 Scratch 的所有功能，以及 Scratch 项目的分析思路。同时，从思维层面，详细分析了为什么这样设计，让读者明白程序、算法的设计意图，以帮助读者优化项目设计，设计出算法合理、逻辑清晰的作品。本书的每一章，都配有专业的思维导图，帮助读者理清知识脉络。在每个大型项目之后，都设计有拓展应用，引导读者进行拓展，培养创新力。

## 本书的特点

- **是初学者的完整教材**：由浅入深，用案例介绍功能，详细分析设计意图。
- **是教师教学的参考资料**：包含 Scratch 的所有功能的案例、图示说明，同时提供源程序，以抛砖引玉。
- **是实施 STEAM 教育的最佳载体**：案例包括互动游戏、数字故事和创新应用三类，将科学、技术、工程、艺术和数学，整合到一个个项目中。
- **掌握项目制学习法**：基于生活中的实际问题，分析需求，设计背景、角色和算法。

- **训练逻辑思维：** 从分析项目入手，用百度脑图，分别按程序流程和按对象两种思维方式分析项目。
- **培养创新力：** 通过一个个好玩、实用的案例，让读者在理解的基础上，先仿照，再创造，逐渐形成创新力。在完成项目基本功能的基础上，进行拓展，激发创新思维。

## 本书的内容安排

### 第1章 准备开始
本章介绍了 Scratch 的典型应用，进行安装 Scratch 软件、注册账号等准备工作。

### 第2章 第一个 Scratch 游戏
本章详细地介绍了制作一个 Scratch 游戏项目的整个过程，让读者初步体验一个游戏项目从无到有的过程。本章既有思维层面上的设计训练，也有角色的美工设计、脚本调试等操作，最后引导读者进行延伸。

### 第3章 背景管理
从本章起将系统地介绍 Scratch 的基础操作。背景是营造舞台气氛的重要角色，包括从背景库导入背景、从本地文件上传背景和绘制背景。同时，介绍 Scratch 造型编辑器中位图模式和矢量图模式的使用。

### 第4章 角色管理
本章介绍了 Scratch 中的主角：角色。包括新建角色的4种方式：从角色库中选取角色、绘制新角色、从本地文件中上传角色和拍摄照片当作角色。角色的声音管理：从声音库选取声音、录制声音、编辑声音和从本地文件中上传声音。

### 第5章 事件模块
本章介绍了 Scratch 中的各种事件，它是脚本的开始标志，程序何时开始执行也由事件模块来确定。

### 第6章 动作模块
本章介绍角色的动作，包括移动、旋转、滑行、坐标控制等。动作模块是设计互动游戏的重要功能模块。

### 第7章 外观模块
本章介绍角色外观的所有操作，包括设计特效与编辑造型，以及角色的放大、缩小、显示、隐藏等。

### 第 8 章 程序流控制模块

本章介绍程序执行流程控制，包括顺序结构、循环结构和分支结构，是所有程序设计的通用流程。同时，结合多个实例，让读者理解流程的含义，让程序可视化。

### 第 9 章 声音模块

本章介绍角色声音的常见控制，包括新建声音、演奏音乐、节奏控制、乐器控制等。并结合实例，学习用 Scratch 来演奏多声部音乐。

### 第 10 章 画笔模块

本章介绍画笔的控制，当角色移动时，放下画笔，在舞台上留下痕迹，加深理解移动轨迹。结合"风车""铺地砖"等实例，学习用程序绘画，感受数学在绘图方面的应用。

### 第 11 章 数据模块

本章介绍数据的使用，理解变量、链表这两种程序设计中的常见概念。用实例"恐龙宝宝练口算"和"抽奖"这两个大型项目，学习变量、链表在项目设计中的精妙用途，感受数学这一基础学科在工程设计中的应用。

### 第 12 章 侦测模块

本章介绍的侦测模块，是 Scratch 的所有"感觉器官"，通过调用这些"感觉器官"的值，完成互动项目的设计。

### 第 13 章 运算符模块

本章介绍的运算，包括常见的数学运算、逻辑运算和字符运算。通过运算，方便把各种类型的数据加工成需要的其他形式的数据，可丰富 Scratch 的应用。

### 第 14 章 自建功能模块

本章介绍的自建功能模块，是一个自定义功能模块的操作，把一些通用性、个性化的操作，单独定义成一个功能模块，当需要时，直接调用就可以；当需要修改时，只修改自定义的功能模块，引用部分就自动更新了。

### 第 15 章 互动游戏：打地鼠

从本章起，介绍具体实例的制作。本章的"打地鼠"项目，是一个互动游戏项目，用鼠标"打"舞台上到处出现的老鼠。通过这个实例可掌握游戏设计的要素和大型项目的设计、分析、制作方法。

### 第 16 章 互动游戏：雷电

本章介绍大型游戏项目中雷电的设计、分析、制作和拓展延伸设计。

### 第17章 互动游戏：抢滩登陆战

本章介绍的抢滩登陆战，是一个借助 Scratch 手柄控制的互动游戏项目。学习 mBlock 软件和 Scratch 手柄的使用，将 Scratch 的应用带到一个全新的开源、外接传感器的创新应用境界，可激发读者的无限创意。

### 第18章 互动游戏：神箭手

本章介绍互动游戏"神箭手"项目的设计、分析和制作。同时，也可以将"神箭手"项目修改成 Scratch 手柄控制的形式。

### 第19章 创新应用：百科知识竞赛

本章介绍的"百科知识竞赛"，是一个典型的 Scratch 创新应用项目。用 Scratch 设计算法，解决日常生活中遇到的实际问题，这才是 Scratch 软件应用的最高境界。

## 适合阅读本书的读者

- 小学生、中学生、大学生
- 幼儿园、小学、中学、大学教师
- STEAM 研发机构
- STEAM 课程培训机构
- Scratch 初学者
- Scratch 培训机构教师
- 程序算法设计人员
- 数字故事创编人员

---

轻松注册成为博文视点社区用户（www.broadview.com.cn），扫码直达本书页面。

- **下载资源**：本书如提供示例代码及资源文件，均可在"下载资源"处下载。

- **提交勘误**：你对书中内容的修改意见可在"提交勘误"处提交，若被采纳，将获赠博文视点社区积分（在你购买电子书时，积分可用来抵扣相应金额）。

- **与我们交流**：在页面下方"读者评论"处留下你的疑问或观点，与我们和其他读者一同学习交流。

页面入口：http://www.broadview.com.cn/32661

目　　录

**第 1 章　准备开始** .................................................................. 1
　1.1　Scratch 的典型应用 ........................................................ 1
　1.2　准备 Scratch 环境 ........................................................... 4
　　　1.2.1　安装 Scratch ......................................................... 4
　　　1.2.2　设置 Scratch 语言 ................................................. 7
　1.3　注册 Scratch 账号 ........................................................... 7

**第 2 章　第一个 Scratch 游戏** ............................................... 11
　2.1　思维导图和游戏分析 ..................................................... 13
　　　2.1.1　百度脑图的使用方法 ......................................... 13
　　　2.1.2　设计思路 ............................................................. 15
　2.2　试一试 ............................................................................ 17
　　　2.2.1　绘制角色 ............................................................. 17
　　　2.2.2　绘制迷宫地图 ..................................................... 18
　　　2.2.3　调试动作脚本 ..................................................... 18
　2.3　保存项目 ........................................................................ 20
　2.4　分享作品 ........................................................................ 21
　　　2.4.1　上传"打地鼠"项目到 Scratch 网站 ................ 22
　　　2.4.2　登录 Scratch 网站，分享作品 ........................... 22

**第 3 章　背景管理** .................................................................. 26
　3.1　从背景库中选择背景 ..................................................... 27
　3.2　绘制新背景 .................................................................... 27
　　　3.2.1　位图模式里的工具 ............................................. 29
　　　3.2.2　矢量图模式里的工具 ......................................... 36

**第 4 章　角色管理** .................................................................. 43
　4.1　从角色库中选取角色 ..................................................... 44
　4.2　绘制新角色 .................................................................... 46
　　　4.2.1　适合位图模式的例子 ......................................... 46

4.2.2　适合矢量图模式的例子 .................................... 47
4.3　从本地文件中上传角色——制作吉他角色 ........................... 48
4.4　拍摄照片当作角色 ................................................ 50
4.5　角色造型管理 .................................................... 50
4.6　创建新造型 ...................................................... 52
　　　4.6.1　从造型库中选取造型 ...................................... 52
　　　4.6.2　绘制、修改、删除造型 .................................... 53
　　　4.6.3　从本地文件中上传造型 .................................... 55
　　　4.6.4　拍摄照片当作造型 ........................................ 56
4.7　角色的声音管理 .................................................. 56
　　　4.7.1　从声音库选取声音 ........................................ 56
　　　4.7.2　录制声音 ................................................ 57
　　　4.7.3　编辑声音 ................................................ 60
　　　4.7.4　数字故事实例：英语情景剧 ................................ 67

## 第 5 章　事件模块 ................................................... 72
5.1　Scratch 中的各种事件 ............................................ 72
5.2　Scratch 事件模块的选择 .......................................... 79

## 第 6 章　动作模块 ................................................... 81
6.1　Scratch 中的角色坐标 ............................................ 81
6.2　角色方向 ........................................................ 87
6.3　移动和转向模块 .................................................. 88
6.4　创新应用：指针式时钟 ............................................ 89
　　　6.4.1　制作时针、分针、秒针 .................................... 90
　　　6.4.2　更改造型名称 ............................................ 91
　　　6.4.3　调试脚本——初始化开始位置和指针 0 度位置 ............... 91
　　　6.4.4　调试时针脚本 ............................................ 92
　　　6.4.5　调试分针脚本 ............................................ 92
　　　6.4.6　调试秒针脚本 ............................................ 92
　　　6.4.7　添加角色 ................................................ 92
　　　6.4.8　保存 .................................................... 93

## 第 7 章　外观模块 ................................................... 94
7.1　造型切换 ........................................................ 94
7.2　数字故事：小猫游世界 ............................................ 96
　　　7.2.1　新建角色 ................................................ 99
　　　7.2.2　导入背景 ................................................ 99
　　　7.2.3　调试小猫脚本——原地踏步 ................................ 99

　　　　7.2.4　调试小猫脚本——不断向前移动 .................................. 100
　　　　7.2.5　调试小猫脚本——检测边缘和碰到边缘后的动作 .... 100
　7.3　造型特效 ........................................................................................ 101
　7.4　创新应用：我的图像特效器 ........................................................ 103
　　　　7.4.1　分析项目 ................................................................................ 104
　　　　7.4.2　制作舞台场景 ........................................................................ 105
　7.5　角色的复制、删除、放大、缩小和功能块帮助 ........................ 107
　　　　7.5.1　角色的复制 ............................................................................ 108
　　　　7.5.2　角色的删除 ............................................................................ 111
　　　　7.5.3　放大、缩小角色 .................................................................... 112

## 第8章　程序流控制模块 .............................................................................. 114

　8.1　顺序结构的数字故事：小狗回家 ................................................ 115
　　　　8.1.1　分析剧本 ................................................................................ 115
　　　　8.1.2　导入角色 ................................................................................ 116
　　　　8.1.3　导入背景 ................................................................................ 116
　　　　8.1.4　设计脚本 ................................................................................ 117
　8.2　重复结构 ........................................................................................ 118
　8.3　重复结构的数字故事：哈利波特 ................................................ 119
　　　　8.3.1　设计背景 ................................................................................ 120
　　　　8.3.2　导入角色 ................................................................................ 120
　　　　8.3.3　设计脚本 ................................................................................ 121
　　　　8.3.4　调试脚本 ................................................................................ 121
　8.4　分支结构：单个条件判断 ............................................................ 121
　8.5　多个判断条件 ................................................................................ 122
　8.6　重复判断结构的互动游戏：打气球 ............................................ 122

## 第9章　声音模块 ........................................................................................ 125

　9.1　播放控制 ........................................................................................ 125
　9.2　弹奏鼓声和弹奏音符 .................................................................... 128
　9.3　制作 Scratch 音乐 .......................................................................... 128
　　　　9.3.1　演奏音符 ................................................................................ 131
　　　　9.3.2　演奏伴奏 ................................................................................ 132
　　　　9.3.3　节拍 ........................................................................................ 132
　9.4　制作《生日快乐》歌 .................................................................... 133
　　　　9.4.1　单乐器演奏《生日快乐》歌 ................................................ 133
　　　　9.4.2　加鼓点、单乐器演奏《生日快乐》歌 ................................ 134
　　　　9.4.3　多乐器轮换演奏《生日快乐》歌 ........................................ 136

## 第 10 章　画笔模块 .................................................. 139

### 10.1 画笔动作控制 .................................................. 140
### 10.2 画笔颜色、色泽、大小 .................................................. 141
### 10.3 实例：绘制正多边形 .................................................. 144
#### 10.3.1 任务：绘制正方形 .................................................. 144
#### 10.3.2 思维向导 .................................................. 144
#### 10.3.3 试一试 .................................................. 144
#### 10.3.4 脚本详解 .................................................. 148
#### 10.3.5 挑战自我 .................................................. 151
#### 10.3.6 举一反三 .................................................. 153
### 10.4 创新应用：绘制风车 .................................................. 153
#### 10.4.1 项目分析 .................................................. 153
#### 10.4.2 初始化设置 .................................................. 154
#### 10.4.3 绘制一片扇叶 .................................................. 155
### 10.5 创新应用：铺地砖 .................................................. 156
#### 10.5.1 项目分析 .................................................. 156
#### 10.5.2 制作步骤 .................................................. 157
#### 10.5.3 调试脚本 .................................................. 158

## 第 11 章　数据模块 .................................................. 159

### 11.1 变量基础知识 .................................................. 160
#### 11.1.1 新建变量 .................................................. 160
#### 11.1.2 变量的基本操作 .................................................. 160
### 11.2 创新应用：倒计时 5 秒发射火箭 .................................................. 161
#### 11.2.1 思维导图 .................................................. 161
#### 11.2.2 制作背景 .................................................. 162
#### 11.2.3 设计角色 .................................................. 162
#### 11.2.4 调试脚本 .................................................. 162
### 11.3 创新应用：恐龙宝宝练口算 .................................................. 164
#### 11.3.1 思维导图 .................................................. 164
#### 11.3.2 制作背景 .................................................. 164
#### 11.3.3 设计角色 .................................................. 164
#### 11.3.4 调试脚本 .................................................. 165
### 11.4 链表的基本操作 .................................................. 166
#### 11.4.1 新建链表 .................................................. 166
#### 11.4.2 链表各功能模块的含义 .................................................. 167
#### 11.4.3 相关知识：Scratch 的模块基础 .................................................. 172
### 11.5 创新应用：抽奖 .................................................. 172

　　　　11.5.1　制作过程 .................................................. 173
　　　　11.5.2　拓展应用 .................................................. 175
　　11.6　创新应用：测试按键速度 ........................................ 175
　　　　11.6.1　设计背景 .................................................. 176
　　　　11.6.2　设计角色 .................................................. 176
　　　　11.6.3　设计脚本 .................................................. 176

## 第 12 章　侦测模块 ........................................................ 179
　　12.1　侦测功能详解 .................................................... 180
　　12.2　创新应用：统计按键次数 ........................................ 186

## 第 13 章　运算符模块 .................................................... 188
　　13.1　数学运算 ........................................................ 188
　　13.2　条件运算 ........................................................ 190
　　13.3　字符运算 ........................................................ 191
　　13.4　创新应用：小猫学数学 .......................................... 192

## 第 14 章　自建功能模块 .................................................. 195
　　14.1　创新应用：制作歌曲《北京的金山上》的引子 .................... 195
　　　　14.1.1　初始化 .................................................... 196
　　　　14.1.2　自定义引子：弹奏引子前面部分的单音 .................... 197
　　　　14.1.3　设计最后 4 拍的和弦 ...................................... 197
　　　　14.1.4　试听和调试 ................................................ 198
　　14.2　难点解析 ........................................................ 199

## 第 15 章　互动游戏：打地鼠 .............................................. 200
　　15.1　分析打地鼠项目 .................................................. 201
　　15.2　制作过程 ........................................................ 201
　　　　15.2.1　设计背景 .................................................. 201
　　　　15.2.2　设计地鼠角色 .............................................. 202
　　　　15.2.3　设计小锤角色 .............................................. 204
　　　　15.2.4　调试 ...................................................... 205
　　　　15.2.5　拓展 ...................................................... 205

## 第 16 章　互动游戏：雷电 ................................................ 206
　　16.1　"雷电"项目分析 ................................................ 206
　　16.2　制作"雷电"项目 ................................................ 207
　　　　16.2.1　设计背景 .................................................. 207
　　　　16.2.2　设计飞机角色 .............................................. 208

## 16.2.3 设计子弹 1 角色 .................................................. 210
## 16.2.4 设计子弹 2 角色 .................................................. 211
## 16.2.5 设计敌人角色 ...................................................... 211
## 16.2.6 测试 ................................................................... 213
## 16.2.7 拓展 ................................................................... 213

# 第 17 章 互动游戏：抢滩登陆战 .................................. 214
## 17.1 前期准备 ............................................................... 214
### 17.1.1 Scratch 手柄 ....................................................... 214
### 17.1.2 mBlock 软件 ....................................................... 215
## 17.2 设计、制作抢滩登陆战 .......................................... 216
### 17.2.1 抢滩登陆战游戏简介 ........................................... 216
### 17.2.2 当绿旗被点击 ..................................................... 216
### 17.2.3 当接收到"游戏开始"广播 ............................... 218
### 17.2.4 设计游戏的可玩性因素 ....................................... 219
### 17.2.5 当接收到"发射子弹 1"广播 .......................... 220
### 17.2.6 设计其他角色 ..................................................... 221
## 17.3 难点解析 ............................................................... 221

# 第 18 章 互动游戏：神箭手 .......................................... 223
## 18.1 制作过程 ............................................................... 224
### 18.1.1 设计封面 ............................................................. 225
### 18.1.2 设计主题图片 ..................................................... 225
### 18.1.3 设计 Start 按钮 ................................................. 226
### 18.1.4 设计主题图片的脚本 .......................................... 227
### 18.1.5 设计弓箭手造型和脚本 ....................................... 227
### 18.1.6 设计气球造型和脚本 .......................................... 228
### 18.1.7 设计弓箭造型和脚本 .......................................... 229
## 18.2 设计导图 ............................................................... 230
## 18.3 难点解析 ............................................................... 232

# 第 19 章 创新应用：百科知识竞赛 .............................. 233
## 19.1 设计导图 ............................................................... 234
## 19.2 制作过程 ............................................................... 235
### 19.2.1 设计"开始"按钮角色 ..................................... 235
### 19.2.2 设计小猫角色的造型和脚本 ............................... 236
## 19.3 难点解析 ............................................................... 238

# 第 1 章 准备开始

本章学习要点：

1 了解 Scratch 能做什么。

2 下载、安装 Adobe Air 和 Scratch 2.0，准备 Scratch 编程环境。

3 登录 Scratch 全球网站，注册 Scratch 账号，准备分享自己的作品。

欢迎进入 Scratch 的精彩世界！创作、协作和分享是 Scratch 的三大主题，用它可以轻松地进行创作，表达自己的创意。同时，强调与他人协作、讨论，进一步激发创作灵感。Scratch 鼓励全球的爱好者，将制作好的作品分享到 Scratch 网站，方便全球爱好者进行交流。

## 1.1 Scratch 的典型应用

Scratch 是一款由麻省理工学院（MIT）设计开发的、面向青少年的简易编程工具。构成程序的命令和参数通过积木形状的模块来实现，用鼠标拖动模块到程序编辑栏即可进行编辑。Scratch 的界面图如图 1.1 所示，右边的黄色部分是编辑好的程序代码，中间是可以用来选择的功能模块，左上部是程序运行和预览的窗口，左下部是角色窗口。

Scratch 的应用大体分为三类：一是互动游戏，二是数字故事，三是创新应用。图 1.2 和图 1.3 所示的是互动游戏的一些典型例子，你可以用 360 卫士中的安全扫码功能扫描图 1.4 所示的二维码，在线试玩。

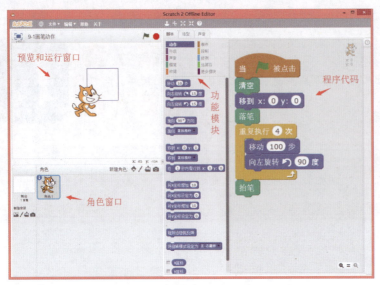

图1.1 Scratch 2.0 的主窗口

图1.2 神箭手

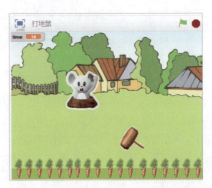

图1.3 打地鼠

如图1.5所示，可用Scratch进行数字故事创编，如成语故事、英语情景剧等。

图1.4 神箭手二维码

图1.5 数字故事

创新应用是使用 Scratch 进行一些项目设计，如数学速算盒子、百科知识竞赛，还可以与 Arduino 结合，制作互动性更强的互动作品，如雷电（摇杆控制）、打气球（超声波传感器）等，分别如图 1.6 至图 1.8 所示。

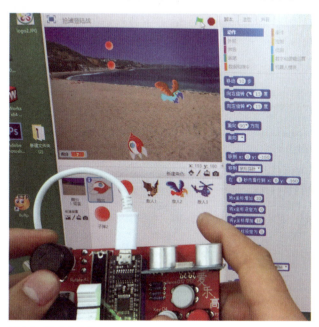

图 1.6　抢滩登陆战

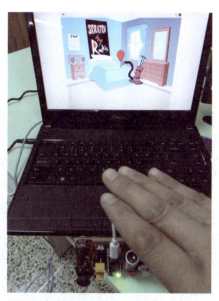

图 1.7　数学速算盒子　　　　　　　　　　图 1.8　打气球

## 1.2 准备 Scratch 环境

### 1.2.1 安装 Scratch

Scratch 到本书编写时的最新版本是 Scratch 2.0，官方下载地址为 https://scratch.mit.edu/scratch2download，如图 1.9 所示。

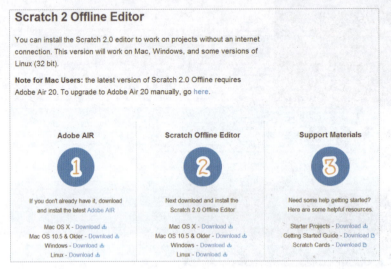

图 1.9 下载 Scratch

Scratch 2.0 有苹果版、Windows 版和 Linux 版，这里介绍 Windows 版的安装方法。

1. 下载和安装 Adobe AIR，分别如图 1.10 和图 1.11 所示。有些 Windows 10 用户安装 Adobe AIR 后，不能成功安装 Scratch 2.0，下载 Adobe AIR 25 这一版本，即可顺利安装。

图 1.10 安装 Adobe AIR

图 1.11 安装 Adobe AIR 的过程中

2. 下载和安装 Scratch 2.0，如图 1.12 所示。

3. 下载帮助文件。帮助文件是学习参考使用的，可根据需要选择下载，不影响 Scratch 软件的正常使用，如图 1.13 所示。帮助文件包括三个，分别是 Scratch 开始项目、入门指南和 Scratch 卡片。

图 1.12　安装 Scratch

图 1.13　帮助卡片

- **Scratch 开始项目：**包括各种示例程序，比如动画（Animation）、游戏（Games）、互动艺术（Interactive Art）、音乐和舞蹈（Music and Dance）、故事（Stories）和摄像头（Video Sensing (webcam)），分别如图 1.14 和图 1.15 所示。

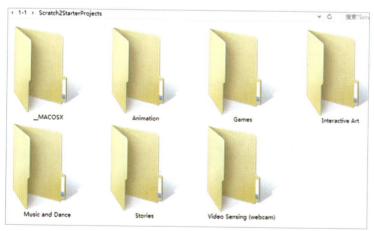

图 1.14　Scratch 开始项目

- **入门指南：**这是一个 PDF 格式的电子文档，介绍了 Scratch 的一些常用功能，不过是英文的，如图 1.16 所示。

- **Scratch 卡片：**是设计成可裁剪的、卡片样式的教程。介绍了一些简单 Scratch 作品的制作，也是英文的，如图 1.17所示。

图 1.15 游戏 Dress Up Tera

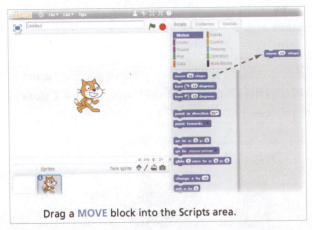

图 1.16 入门指南

图 1.17 Scratch 卡片

## 1.2.2 设置 Scratch 语言

双击启动 Scratch 2.0 软件，软件一般会自动将语言设置为简体中文。如果语言是英文的，也可点击[1] Scratch 窗口左上角的地球图标，从弹出的菜单中选择"简体中文"项即可，如图 1.18 所示。

图 1.18　设置语言

## 1.3　注册 Scratch 账号

Scratch 倡导的理念是"创新、分享"，官方网站 scratch.mit.edu 提供了文件上传、在线编辑、分享等功能。用户可以将自己的本地作品，直接上传到 Scratch 网站，与全世界的 Scratch 爱好者进行交流。步骤如下：

1. 登录 Scratch 网站 scratch.mit.eduScratch2.0，点击左上角的 SCRATCH 图标，将打开 Scratch 网站，如图 1.19 所示。也可以在浏览器地址栏中，直接输入 Scratch 网站的网址：scratch.mit.edu。

Scratch 网站的默认语言是英语，如果浏览器没有自动调整成简体中文，需拖动 Scratch 网站首页

图 1.19　Scratch 网站链接

---

[1] 点击，即用鼠标左键进行单击。由于软件界面图中使用的术语是"点击"，为避免读者产生困惑，故本书中的单击操作都写为"点击"。

到最下方,找到语言设置下拉框,手动将网站语言设置为简体中文,如图1.20所示。

图1.20 设置Scratch语言

2. 注册Scratch账号。

登录Scratch网站,点击右上角的"加入Scratch社区"链接,如图1.21所示。

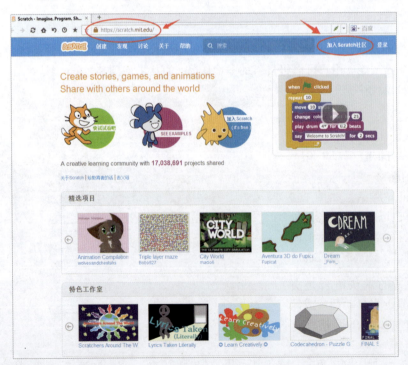

图1.21 加入Scratch社区

接下来是填写用户名、密码，如图 1.22 所示。

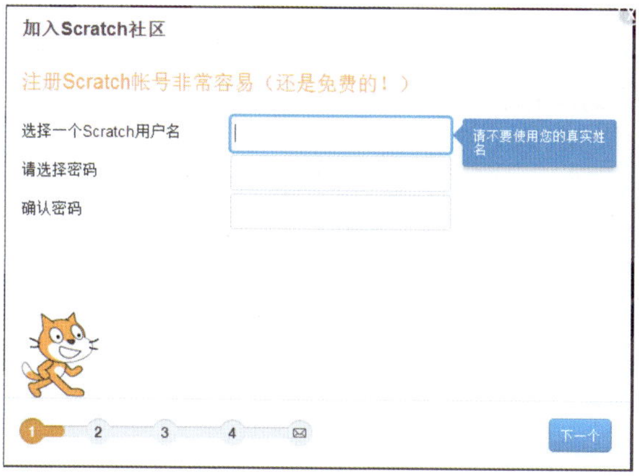

图 1.22　填写用户名和密码

接下来是选择出生年月、性别、国籍，如图 1.23 所示。

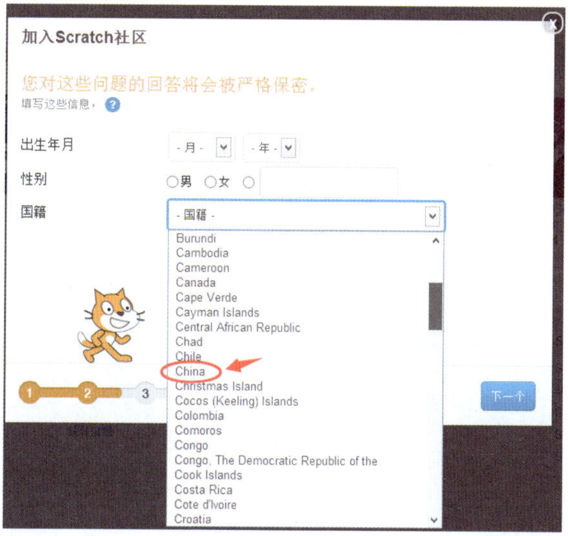

图 1.23　填写注册信息

接下来是输入父母或监护人的电子邮件地址，Scratch 将发送一个电子邮件到邮箱，以便于忘记密码时找回密码。在两个输入框中输入的电子邮箱地址，需确保确实存在，且要完全一致，如图 1.24 所示。

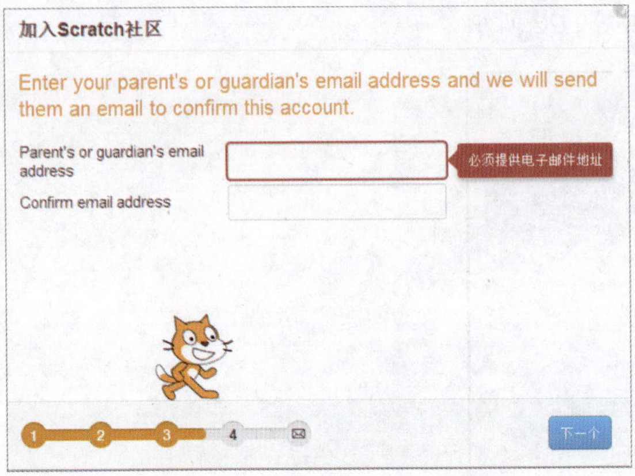

图1.24 输入确实存在的电子邮箱地址

3. 注册完成，如图1.25所示。

图1.25 注册成功

# 第 2 章
## 第一个 Scratch 游戏

**本章学习要点：**

1. 了解制作一个 Scratch 项目的流程。
2. 用自己的电子邮箱，注册百度账号，登录百度脑图，学习、掌握百度脑图工具的使用，能制作简单的脑图。
3. 了解绘制角色的方法。
4. 了解导入背景的方法。
5. 掌握程序模块的拖曳和实时运行的控制方法，体验实时编程的乐趣。
6. 设计、制作互动迷宫游戏脚本。
7. 学会保存、分享作品。

Scratch 迷宫游戏的界面图如图 2.1 所示。迷宫游戏相信大家都玩过，场景不尽相同，玩法大致相同，都是从入口出发，进入迷宫，经过各种复杂路线，最后找到出口。

本游戏用键盘上的左右方向键控制蓝色箭头向前移动，途中碰到黑线，向后退，不能前进，不能穿越，调整方向后，慢慢前进，直到到达红点处，游戏结束，如图 2.2 所示。

此游戏画面简单，但多数玩家玩时，是撞运气式地到处乱跑。在玩这类一眼就能看完整张迷宫图的游戏时，当然可以撞运气，也可以预判断式地完成操作。但迷宫游戏其实旨在引导玩家去发现破解迷宫的通用算法，常见的是靠墙算法。也就是始终沿右墙走，或始终沿左墙走。这就是著名的迷宫算法，是不是能通吃所有的迷宫呢，大家可以试试。

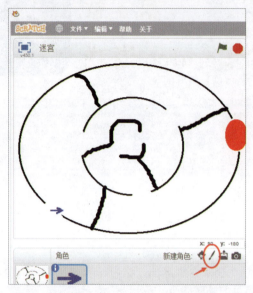

图 2.1 迷宫游戏主窗口

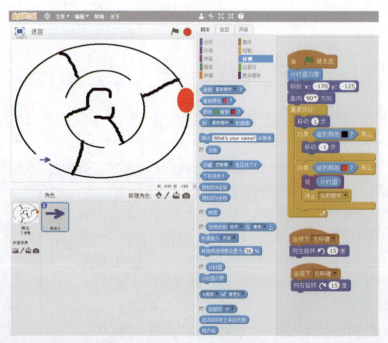

图 2.2 迷宫游戏

## 2.1 思维导图和游戏分析

制作游戏前，必须经过认真、缜密地思考。在做好充分的思考后，再按照计划，逐步制作，最后进行调试。在设计制作游戏项目的整个过程中，工作量大致分布如下：项目分析约占 50%，制作约占 40%，调试优化约占 10%。下面，我们就来进行最重要的前 50% 的工作。

### 需要用到的工具：百度脑图

百度脑图是百度开发的一款免安装、云存储、易分享的，在线版思维导图制作软件。在线工具，通过 HTML 5 独特的技术做到毫无延迟。云存储，意思是说，所有的脑图都保存在百度脑图服务器上，服务器是一台超级电脑。这样的话，我们不用考虑文件存储的问题。任何时间、任何地点，只要能上网，就能使用百度脑图，支持自动实时保存。更重要的是，任务平台可访问苹果、安卓、Windows 系统，并且可以很方便地进行共享。

### 2.1.1 百度脑图的使用方法

#### 1. 打开百度脑图

打开百度脑图地址 naotu.baidu.com，点击"马上开启"按钮，如图 2.3 所示。

#### 2. 注册百度账号

如图 2.4 和图 2.5 所示的是注册百度账号的过程，可能需要用到你的电子邮箱地址。因为百度脑图将把脑图数据存储在云服务器上，必须用用户名和密码的方式来识别用户。

图 2.3 登录百度脑图

图 2.4 注册百度脑图步骤 1

图 2.5 注册百度脑图步骤 2

### 3. 新建／打开百度脑图

如图 2.6 所示，登录百度脑图后，点击"新建脑图"按钮，进入脑图编辑页面，如图 2.7 所示。

按照思维的逻辑结构，可依次加入各级内容，支持文字、图片、链接等。层次关系可随时调节。内置 6 种目录组织图方式，可满足大多数逻辑图需要。同时，内置了 20 种样式，能做成多种漂亮的脑图，如图 2.8 所示。设计好的百度脑图，将自动被保存在云端。

图 2.6　新建／打开百度脑图

图 2.7　百度脑图编辑页面

图 2.8　百度脑图样式

### 4. 导出百度脑图

用户设计的时候，云端服务器进行实时存储。设计好后，点击"百度脑图"菜单，如图 2.9 所示，打开菜单。

如图 2.10 所示，打开菜单后，选择"另存为"分支下面的"另存为"项，可将脑图保存到本地电脑。选择"导出"选项，可导出为其他格式。如图 2.11 所示，可导出为 KityMinder 格式、大纲文本格式、Markdown/GFM 格式、SVG 矢量图、

图 2.9　百度脑图菜单

PNG 图片、Freemind 格式和 XMind 格式。

图 2.10　将百度脑图保存到本地

图 2.11　可将脑图导出的格式

掌握了百度脑图的相关知识，相信你一定已经申请好百度脑图账号，并登录到脑图界面了，下面我们开始分析这个游戏项目。

## 2.1.2　设计思路

迷宫游戏涉及两个对象，一是舞台背景：迷宫地图；二是键盘控制的对象：蓝色箭头。当点击顶部的绿旗时，游戏开始运行，首先复位计时器、角色位置、初始方向。接着是重复执行内容 1：向前方移动——如果检测到黑线——退后一步；重复执行内容 2：如果箭头碰到红色终点，报告从起点到终点所用时间，游戏停止。思维导图如图 2.12 所示，脚本如图 2.13 所示，剧本设计如表 2.1 所示。

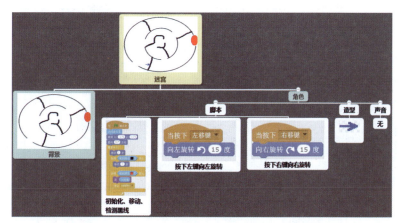

图 2.12　迷宫思维导图

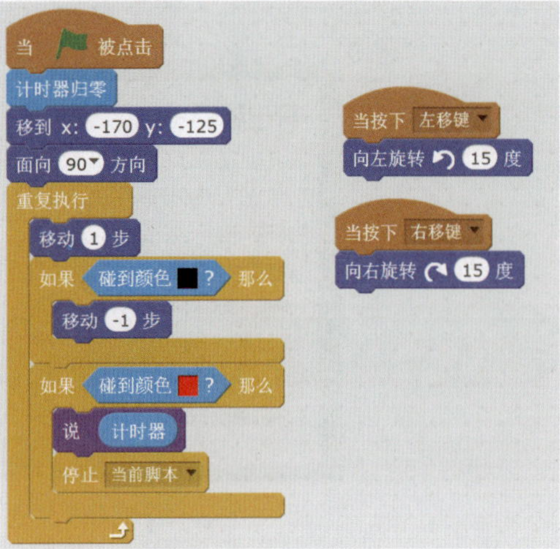

图 2.13 迷宫脚本

### 表 2.1 迷宫项目剧本设计表

| 角色 | 动作剧本 | Scratch 语句模块 | 备注 |
| --- | --- | --- | --- |
| 舞台 | 无 | 无 | 舞台是迷宫地图，切换关卡就是通过切换背景实现的 |
| 箭头 | 初始化：<br>计时器归零；移动到出发位置；面向右方 |  (当绿旗被点击/计时器归零/移到 x:-170 y:-125/面向 90 方向) | |
| | 当按下左方向键时——左转 15° |  (当按下左移键/向左旋转 15 度) | |
| | 当按下右方向键时——右转 15° |  (当按下右移键/向右旋转 15 度) | |
| | 不断向前移动；碰到黑色——后退；碰到红色——报时间，停止 | 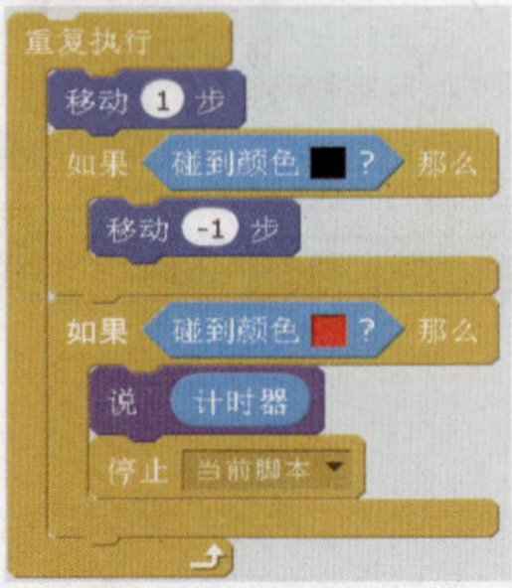 (重复执行/移动 1 步/如果碰到颜色■？那么/移动 -1 步/如果碰到颜色▮？那么/说 计时器/停止 当前脚本) | 检测黑线和红线 |

## 2.2 试一试

看到以上思维导图，是不是有点摸不着头脑呢？不用担心，这只是一个例子，还没有正式开始学习。建议多看看以上的思维导图，尽可能看懂，并逐渐养成类似严谨的思维方法。

### 2.2.1 绘制角色

点击"新建角色"中的"绘制新角色"按钮，打开新建造型编辑器，如图2.14所示。在画布正中间，绘制一个方向向右的蓝色箭头，注意调整线条粗细并移到适当位置，如图2.15所示。

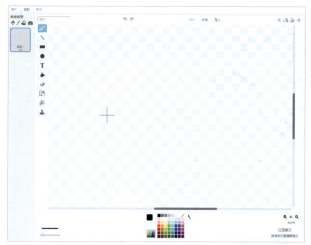

图 2.14 新建造型编辑器

图 2.15 绘制箭头

### 2.2.2 绘制迷宫地图

迷宫地图是固定不动的，可将它作为背景。从"新建背景"区，选择"绘制新背景"按钮 ，将打开绘制背景窗口，绘制设计好的迷宫地图。注意，Scratch 角色将依靠背景颜色来识别迷宫墙壁，所以一般将所有迷宫墙壁设置为同一种颜色，如图 2.16 所示。

图 2.16 绘制迷宫地图

### 2.2.3 调试动作脚本

动作脚本是针对箭头的，必须先选择箭头角色。箭头出发前，计时器重置归零，开始计时，把"计时器归零"拖到"当绿旗被点击"下方。游戏开始，不论上次游戏后箭头在哪个位置，游戏重新开始后都要从初始位置出发，所以放入"移动 x：y："模块，拖入"面向 90 度方向"模块，将箭头指向迷宫地图，如图 2.17 所示。

图 2.17 初始化模块

箭头的动作分为：一直前进、鼠标控制向左转、鼠标控制向右转。这样，左右方向键就可以控制箭头向各个方向前进了，如图2.18所示。

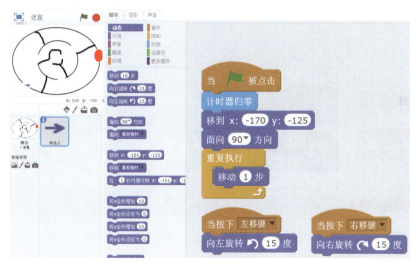

图2.18　箭头动作

在箭头前进的过程中，遇到迷宫墙壁要被挡住，所以，前进过程中，需要不断地检测是否"碰到某种颜色"，如果碰到"墙壁"了，后退一步，以达到被挡住的效果。这一过程需要一直有效，放入到重复执行中，如图2.19所示。

在箭头前进过程中，还需要一直检测是否到达终点（红色椭圆），所以加入检测红色模块，检测到红点后，报告使用时间，停止当前脚本，如图2.20所示。

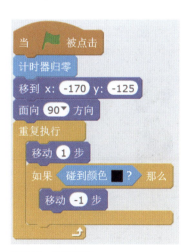

图2.19　检测黑线

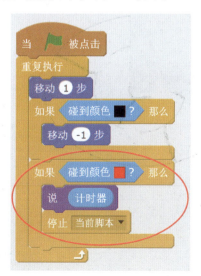

图2.20　检测终点

至此，所有脚本调试完毕，赶紧点击绿旗试试吧！完整脚本如图 2.21 所示。

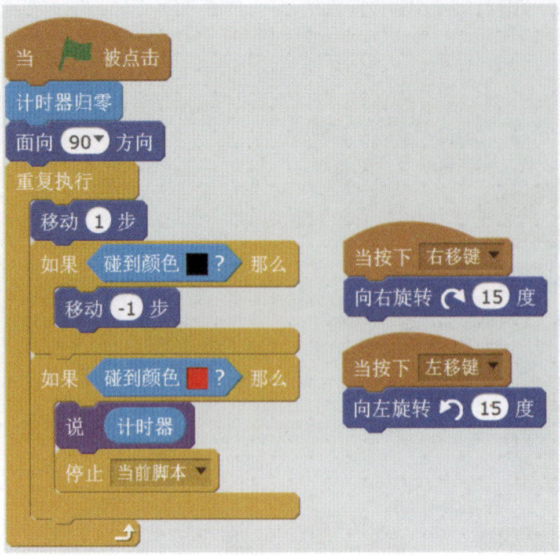

图 2.21　迷宫游戏完整脚本

## 2.3　保存项目

程序调试完成后，保存好项目。设置准确的文件名"迷宫"，以便于以后查找，这是非常好的习惯，操作如图 2.22 和图 2.23所示。选择自己觉得合适的保存位置，以便后期查找文件。

图 2.22　保存

图 2.23　设置文件名

## 2.4 分享作品

Scratch 的理念：创作、协作、分享。用户每设计、制作一个 Scratch 项目，都是用户精心设计、缜密思考的结果。制作好后，发布于 Scratch 网站，供全球 Scratch 爱好者品鉴、试玩，大家也可对作品发表一些见解，以使作者进一步改进。同时，在欣赏他人作品时，学习他人的逻辑分析能力，激发自己的创作灵感。

分享作品的具体流程如图 2.24 至图 2.27 所示。所谓的分享，实际上包括两步：第一步是上传到网站；第二步才是分享出来。

图 2.24 分享作品流程 -1

图 2.25 分享作品流程 -2

图 2.26 分享作品流程 -3

图 2.27 分享作品流程 -4

## 2.4.1 上传"打地鼠"项目到 Scratch 网站

如图 2.28 所示，设计、制作、调试好"打地鼠"项目后，点击"文件"菜单中的"分享到网站"选项，将打开如图 2.29 所示的 Scratch 登录页面。Scratch 将自动把该项目的文件名称填入到"项目名称"处，输入之前在 Scratch 网站注册的账号和密码，再点击"确定"按钮后，稍后，该 Scratch 作品将上传到 Scratch 网站，并提示分享成功，如图 2.30 所示。

图 2.28 分享打地鼠项目

图 2.29 输入 Scratch 用户名和密码

图 2.30 分享成功

## 2.4.2 登录 Scratch 网站，分享作品

### 1. 打开 Scratch 网站

点击舞台左上角的 ![SCRATCH] 图标，将打开 Scratch 网站，如图 2.31 所示。

如图 2.32 所示，如果你的浏览器没有将 Scratch 网站的语言切换为中文，可拖动页面滑块到网页下方，点击"网站语言"列表中的"简体中文"项，即可将网页切换为简体中文，如图 2.33 所示。简体中文网站首页如图 2.34 所示。

图 2.31 Scratch 网站链接图标

第2章　第一个Scratch游戏

图 2.32　默认 Scratch 网站首页

图 2.33　切换为简体中文

图 2.34　简体中文网站首页

2. 登录 Scratch 网站

如图 2.35 所示，打开 Scratch 中文网站后，点击网站右上方的"登录"按钮，打开如图 2.35 所示的登录页面，输入之前注册的 Scratch 网站的用户名和密码，即可登录到 Scratch 网站。

3. 管理"我的东西"

登录成功后，在网页的右上方，将看到自己的用户名。点击用户名旁边的向下箭头，从弹出的菜单中，选择"我的项目中心"项，如图 2.36 所示。

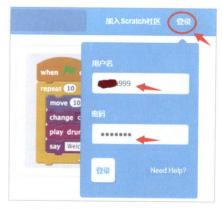

图 2.35　登录 Scratch 网站

打开"我的项目中心"后，将看到自己上传到 Scratch 网站的所有作品，如图 2.37 所示。

图 2.36 进入我的项目中心

图 2.37 我的东西

### 4. 分享 Scratch 项目

用户通过 Scratch 软件上传到 Scratch 网站的作品,其他用户还看不到,如图 2.38 所示。

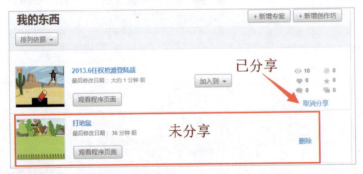

图 2.38 未分享的作品和已分享的作品

找到"我的东西"里要分享的项目,点击"观看程序页面"按钮,将会用 Scratch 在线编辑器打开该项目,如图 2.39 所示。

如图 2.40 所示,Scratch 在线编辑器是一个在线的 Scratch 编辑器,用户在没有安装离线版 Scratch 编辑器的情况下,可以登录 Scratch 网站,使用在线编辑器创作 Scratch 项目。

图 2.39 找到要分享的项目

第 2 章　第一个 Scratch 游戏

图 2.40　Scratch 在线编辑器

在 Scratch 在线编辑器的右上方，点击"分享"按钮，如图 2.41 所示。现在，该项目才被分享到 Scratch 网站，任何用户都可以通过 Scratch 网站查看、评论该项目了。

图 2.41　分享按钮

# 第3章 背景管理

本章学习要点：

1　理解背景的作用。

2　掌握从背景库中选择背景的方法。

3　掌握绘制背景的方法。

4　初步理解位图和矢量图的区别。

5　掌握位图模式各种绘图工具的使用方法。

6　掌握矢量图模式各种绘图工具的使用方法。

7　灵活运用位图和矢量图工具进行绘图创作。

在制作 Scratch 作品前，要设计一个合适的场景，这在 Scratch 中被称为舞台。舞台由一张张背景图组成。根据剧本需要，一个 Scratch 作品可以设计一个背景，也可设计多个背景，多个背景通过脚本来进行切换。接下来介绍背景管理的具体方法，包括"从背景库中选择背景""绘制新背景""从本地文件中上传背景"（参见 4.3 节）和"拍摄照片当作背景"（参见 4.4 节）。

图 3.1 所示的是用百度脑图整理的新建背景的思维导图，相比第一段的文字描述，是不是一看就懂，很清晰明了呢。这就是用图说话的好处。

第 3 章　背景管理

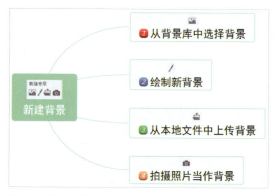

图 3.1　新建背景

## 3.1　从背景库中选择背景

点击舞台管理区"新建背景"里的"从背景库中选择背景"图标，打开 Scratch 自带的背景库。Scratch 自带很多背景，左侧有一些分类标签，可根据剧本需要，快捷地选择需要的背景图片。具体分类如图 3.2 所示。

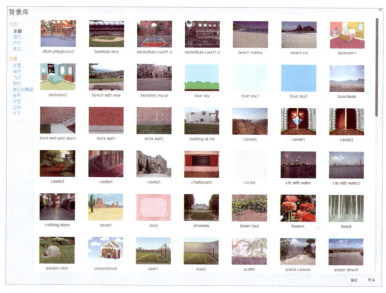

图 3.2　背景库

## 3.2　绘制新背景

点击舞台管理区"新建背景"里的"绘制新背景"图标，在 Scratch 右侧将打开绘图编辑器，其界面风格与 Windows 中的"画图"相同。Scratch 绘图编辑器分为两种模式：位图模式（参见图 3.3）和矢量图模式（参见图 3.4）。两者的具体区别如图 3.5 所示。

图 3.3　位图模式

图 3.4　矢量图模式

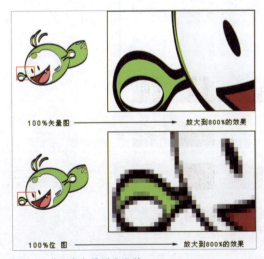

图 3.5　位图与矢量图的区别

位图图像（bitmap），亦称为点阵图像或绘制图像，是由称作像素（图片元素）的单个点组成的。这些点可以进行不同的排列和染色以构成图样。当放大位图时，可以看见赖以构成整个图像的无数单个方块。扩大位图尺寸的效果是增大单个像素，从而使线条和形状显得参差不齐。然而，如果从稍远的位置观看它，位图图像的颜色和形状又是连续的。

在红绿色盲体检时,工作人员会给你一本图册。在这本图册中有一些图像,图像都是由一个个的点组成的,这和位图图像差不多。由于每一个像素都是单独染色的,所以可以通过以每次一个像素的频率操作选择区域而产生近似相片的逼真效果,诸如加深阴影和加重颜色。

如表 3.1 中位图与矢量图对比的内容所示,矢量图,也被称为面向对象的图像或绘图图像,在数学上定义为一系列由线连接的点。矢量文件中的图形元素被称为对象。每个对象都是一个自成一体的实体,它具有颜色、形状、轮廓、大小和屏幕位置等属性。

表 3.1 位图与矢量图的对比

| 图像类型 | 组成 | 优点 | 缺点 | 常用制作工具 |
| --- | --- | --- | --- | --- |
| 位图 | 像素 | 只要有足够多的不同色彩的像素,就可以制作出色彩丰富的图像,逼真地表现出自然界的景象 | 缩放和旋转容易失真,同时文件尺寸较大 | Photoshop、画图等 |
| 矢量图 | 数学向量 | 文件尺寸较小,在进行放大、缩小或旋转等操作时图像不会失真 | 不易制作色彩变化太多的图像 | Illustrator、Flash、CorelDRAW 等 |

矢量图是根据几何特性来绘制图形,矢量可以是一个点或一条线,矢量图只能靠软件生成,文件占用内存空间较小。因为这种类型的图像文件包含独立的分离图像,所以可以自由无限制地重新组合。它的特点是放大后图像不会失真,和分辨率无关,适用于图形设计、文字设计和一些标志设计、版式设计等。

### 3.2.1 位图模式里的工具

Scratch 和大多数软件不同,Scratch 自带图形编辑器,大大方便了舞台和角色造型设计。用户可以通过图形编辑器绘制角色、绘制舞台,也可以通过图形编辑器修改打开的造型,让用户很方便地完成舞台、造型设计。

Scratch 图形编辑器中有两种工作模式,位图模式和矢量图模式。Scratch 中的位图模式有 10 个工具,具体如图 3.6 所示,下面将详细介绍各个工具的使用方法。

图 3.6 位图工具栏

1. 名称:画笔工具,如图 3.7 所示。

功能:用鼠标在画布上自由绘图。

实例:选择"画笔"工具,调整到适当的线宽,选择前景色为黑色,直接用鼠标绘制出一艘轮船。

图 3.7 绘制轮船

2. 名称：线段工具，又称直线工具，如图 3.8 所示。

图 3.8 线段

功能：绘制任意方向的线段，当按住 Shift 键时，可沿水平方向或垂直方向绘制线段。

实例：选择"线段"工具，选择颜色为红色，绘制船身部分，再用"用颜色填充"工具给船身填充上黑色。再选择颜色为紫色，绘制小船帆；选择蓝色，绘制大船帆，如图 3.9 所示。

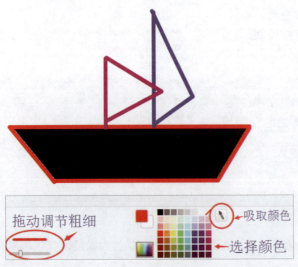

图 3.9 绘制大帆船

3. 名称：矩形工具，如图 3.10 所示。

图 3.10　矩形

功能：拖动鼠标，绘制矩形。按住 Shift 键再拖动，可画出正方形。

实例：选择"矩形"工具，选择红色画笔，选择边框模式，按住鼠标左键，在画布左边拖动，绘制出一个红色边框的矩形。选择蓝色，选择填充模式，按住 Shift 键，在画布右边绘制出实心正方形，如图 3.11 所示。

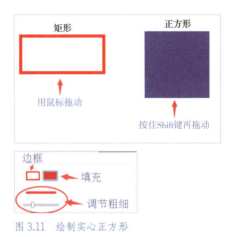

图 3.11　绘制实心正方形

4. 名称：椭圆工具，如图 3.12 所示。

图 3.12　椭圆

功能：绘制椭圆，按住 Shift 键再拖动鼠标，可画出标准圆。

实例：选择"椭圆"工具，按住 Shift 键拖动鼠标绘制一个红色的实心正圆，再绘制一个黑色边框的椭圆，组合形成头和身体的造型，如图 3.13 所示。

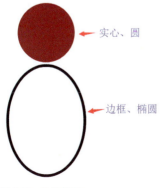

图 3.13　绘制椭圆

5. 名称：文本工具，如图 3.14 所示。

图 3.14　文本

功能：在画布中输入文字，Scratch 2.0 绘图编辑器不支持中文输入，只能输入英文、数字、符号等，字体只有 6 种。

实例：如图 3.15 和图 3.16 所示，输入文字"Scratch"，设定为不同的字体，分别看看它们的效果。

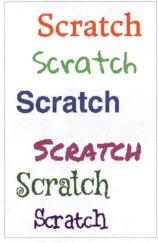

图 3.15　字体

图 3.16　字体列表

6. 名称：用颜色填充，如图 3.17 所示。

图 3.17　填充

功能：用选定的颜色填充封闭区域。封闭区域指没有缺口的区域，或是同一种颜色的连续区域。

实例：如图 3.18 所示，选择红色，用空心圆工具绘制空心笑脸，完成第一步。再用"用颜色填充"工具，选择黄色，填充为黄色笑脸。注意体会封闭区域和开放区域的含义。

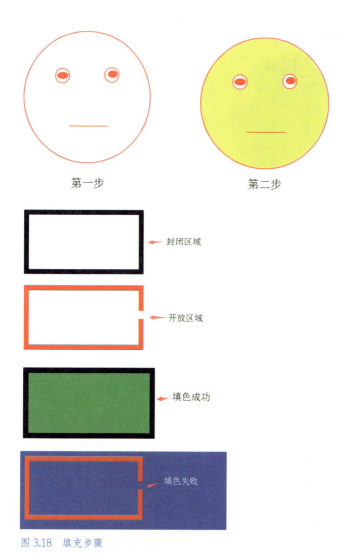

图 3.18 填充步骤

7. 名称：擦除，如图 3.19 所示。

图 3.19 擦除

功能：橡皮擦的作用，擦去颜色。

实例：如图 3.20 所示，先绘制一个完整的青苹果，再用"擦除"工具，擦除一部分，感觉上像被吃了一口。

图 3.20 擦除示例

8. 名称：选择，如图 3.21 所示。

图 3.21 选择

功能：选取画布中一个矩形区域，进行删除、移动操作。

实例：如图 3.22 所示。先绘制一个完整的青苹果，再用选择工具，用画大框的方式，选取大约一半苹果，把鼠标指针移到选择部分上，向上移动苹果，实现苹果被切成两半的效果。

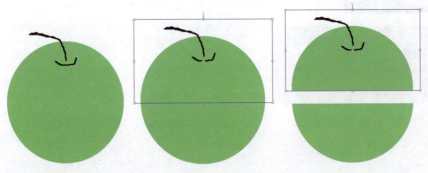

图 3.22 选择示例

9. 名称：删除背景，如图 3.23 所示。

图 3.23 删除背景

功能：从图片中抠出某一部分，一般用于从图片中抠出需要的一部分。

实例：从本地文件中上传图片，选择"删除背景"工具，在画布中绘制要保留部分的边框，一定要绘制成封闭的图形，即起笔位置和停笔位置连在一起。完成保留对象的选取后，自动删除其余背景。通常，一次不能将背景删除得很干净，可结合"擦除"工具，擦除未删除干净的地方，直到获得满意的对象，如图 3.24 所示。

图 3.24　删除背景示例

10. 名称：选择并复制，如图 3.25 所示。

图 3.25　复制

功能：选择要复制的对象，再将其拖动到另一位置，将复制出一份到新的位置。

实例：如图 3.26 所示。先绘制一个花盆，再用"复制"工具将其拖动到其他位置，完成复制。

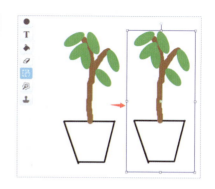

图 3.26　复制示例

### 3.2.2 矢量图模式里的工具

Scratch 图形编辑器的第二种模式是矢量图模式，矢量图模式的工具栏如图 3.27 所示。

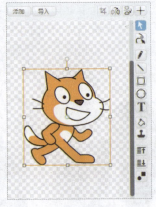

图 3.27 矢量图模式的工具栏

下面将介绍矢量图模式中每种工具的详细功能。

1. 名称：选择。

功能 1：移动对象，如图 3.28 所示。选取对象，拖动对象到另一地方。

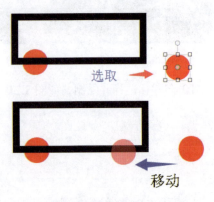

图 3.28 移动对象

功能 2：缩放对象，如图 3.29 所示。选取对象后，拖动上、下、左、右四个顶点中的任意一个，可进行缩放操作。

图 3.29 缩放对象

功能 3：旋转对象，如图 3.30 所示。选取对象后，拖动对象中间顶部的小圆圈控制点，可进行旋转操作。

图 3.30　旋转对象

功能 4：拉伸、压缩对象，如图 3.31 所示。选取对象后，拖动每条边的中间控制点，可进行拉伸或压缩的操作。

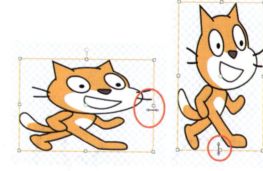

图 3.31　拉伸、压缩对象

功能 5：多选，如图 3.32 所示。按住 Ctrl 键或 Shift 键不放，再点击第二个对象、第三个对象……如此下去，可同时选择多个对象。

多选：按住Ctrl键或Shift键不放，逐一点击各个对象。

图 3.32　多选对象

2. 名称：变形。

功能：点击对象，拖动出现的控制点，实现造型的变形处理，如图 3.33 所示。

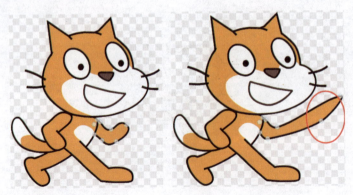

图 3.33 变形

3. 名称：铅笔。

功能：在画布上自由地绘制图形，绘制出的图形是矢量图形，绘制好后，可用"变形"工具对其进行修改，如图 3.34 所示。

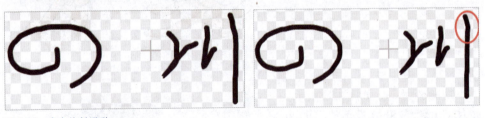

图 3.34 自由绘制图形

4. 名称：线段。

功能：在任意方向上绘制直线线段，按住 Shift 键可绘制水平或垂直线段。绘制好后，可用"变形"工具拖动控制点进行修改，如图 3.35 所示。

图 3.35 绘制线段

5. 名称：矩形。

功能：绘制边框样式或实心样式的矩形，按住 Shift 键可绘制边框样式或实心样式的正方形，如图 3.36 所示。

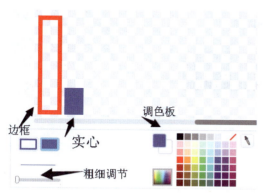

图 3.36　绘制矩形

6. 名称：椭圆。

功能：绘制任意椭圆，按住 Shift 键可绘制标准圆，如图 3.37 所示。

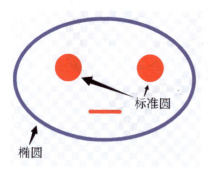

图 3.37　绘制椭圆

7. 名称：文本。

功能：在画布上输入文字，目前不支持中文，只支持英文、数学、符号，6 种字体可随意选择，如图 3.38 所示。

图 3.38 输入文字

8. 名称：为形状填色。

功能：用选定的颜色给指定的图形填色。在矢量图模式中，"填色"工具可给任意对象填色，目标是对象；在位图模式中，填色工具将填充连续色块，目标是连续的色块，如图 3.39 所示。

图 3.39 为形状填色

9. 名称：复制。

功能：与 Windows 中的"复制-粘贴"功能相同。选择"复制"工具后，点击要复制的对象，立即复制出一个独立的对象，不受复制母体影响，如图 3.40 所示。

图 3.40 复制对象

10. 名称：上移一层。

功能：在同一画布上，当存在两个及以上的对象时，就有对象的上下层次关系，"上移一层"工具可将对象上移一层，如图 3.41 的左图所示。

11. 名称：下移一层。

功能：将对象下移一层，与"上移一层"功能相反，如图 3.41 的右图所示。

图 3.41 调整对象的层次关系

12. 名称：分组。

功能：用"选择"工具选择两个及以上对象后，此工具才会出现，点击一次后，所选的多个对象将组合在一起，形成一个新的对象。

13. 名称：取消分组。

功能：选择一个之前用"分组"功能形成的对象后，此工具才会出现，点击一次后，将取消之前的分组，将恢复成分组前的一个个单一、独立的对象。

至此，位图模式和矢量图模式的工具栏已介绍完毕，大家可以像使用 Windows 中的"画图"工具一样，自由绘制和修改图形。

# 第4章 角色管理

**本章学习要点:**

1. 理解 Scratch 中角色和舞台的关系,知道角色就是 Scratch 控制的对象,舞台也是一种角色。

2. 掌握从角色库中选取角色的方法。

3. 掌握绘制新角色的方法。

4. 掌握从本地文件中上传角色的方法。

5. 掌握拍摄照片当作角色的方法。

6. 理解角色可有多个造型,造型是角色的一个属性。

7. 掌握新建角色后,对造型的再修改方法。

8. 掌握灵活运用各种新建角色的方法新建角色,不局限于一种角色只用一种方法。

9. 掌握从造型库选择造型的方法。

10. 掌握从本地文件上传造型的方法。

11. 掌握拍摄照片当作造型的方法。

12. 掌握修改、删除造型的方法。

13. 掌握从声音库选择声音的方法。

14. 掌握录制声音的方法。

15. 掌握选择、复制、删除声音片断的方法。

16 掌握、理解声音的淡入/淡出、静音、响一点、轻一点等特效的操作方法和作用。

17 理解用 Scratch 进行数字故事创作的创作思路。

Scratch 中的角色是 Scratch 的主角，所有精彩的互动游戏、数字故事和创新应用都是通过角色来完成的。Scratch 中的角色管理包括添加角色、复制角色和删除角色等。Scratch 中新建角色的方法包括"从角色库中选取角色""绘制角色""从本地文件中上传角色"和"拍摄照片当作角色"，如图 4.1 所示。

图 4.1 新建角色的方法

## 4.1 从角色库中选取角色

开始设计角色喽！设计什么样的角色呢？是不是感觉无从下手，不要着急，Scratch 软件内置了很多角色造型，可以满足多种设计需要。当然，大多数 Scratch 项目都不可能一次性达到完美状态，如果对角色不满意，可以通过后期修改，以达到设计要求。

Scratch 软件内置了很多角色，并且设置了多种分类标签，以方便大家快速找到需要的角色，图 4.2 所示的是角色库中的角色。

图 4.2 从角色库中选取角色

Scratch 的角色库中有多个角色，如图 4.2 所示，每个角色都已抠好图，没有多余的背景。选择一个角色后，点击"确定"按钮，如图 4.3 所示，即可将角色添加到舞台中，最终效果如图 4.4 所示。

图 4.3　确定选取角色

图 4.4　将角色添加到舞台中

角色库左侧提供了多个分类标签，可用于对角色库中的角色进行筛选，以便快速找到需要的角色，如图 4.5 所示。图 4.6 和图 4.7 分别展示了角色库中的部分角色。

图 4.5　分类　　图 4.6　角色库中的动物角色

图 4.7 角色库中的"太空"主题角色

从角色库中选择的角色，不论是位图，还是矢量图，都可以进行二次修改，以满足作品创作的需要。如图 4.8 所示的是在角色库中选择的甲壳虫，可对其进行修改。切换到矢量图模式中，使用"变形"工具，选择需要修改的翅膀部分，翅膀四周出现了多个可拖动的圆形控制点，根据需要，逐一拖动相应的控制点，制作甲壳虫展开翅膀、准备起飞的造型，做好的效果图如图 4.9 所示。

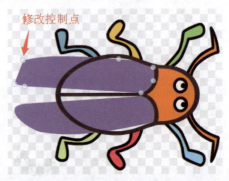

图 4.8 角色库中的甲壳虫　　　　　图 4.9 修改后展翅欲飞的甲壳虫

## 4.2 绘制新角色

在 Scratch 中绘制新角色和绘制背景使用的方法一样，分为位图模式和矢量图模式两种，根据造型选择适当的模式。

### 4.2.1 适合位图模式的例子

在用四格漫画制作情景剧时，需将四格漫画中的主角抠出来，形成新的角色，这时只能在位图模式中进行。如图 4.10 所示的是四格漫画原稿，上传到 Scratch 新建角色的编辑器中,用"删除背景"工具抠出主角部分,得到图 4.11 所示的删除背景后的角色。

图 4.10　四格漫画原稿

图 4.11　删除背景后的角色

### 4.2.2　适合矢量图模式的例子

制作篮球撕开外皮的动画时,需要将图 4.12 所示的黄色区域进行变形处理,以达到图 4.13 所示的效果,在矢量图模式中很好操作,在位图模式中不好操作。

图 4.12　原始篮球

图 4.13　撕开外皮的篮球

切换到矢量图模式,点击篮球上面的两块区域,拖动四周出现的圆形控制点,达到撕开外皮的效果。

## 4.3 从本地文件中上传角色——制作吉他角色

Scratch 中新建角色的第三种方式是上传本地图片文件,以获得新角色,方便将从互联网等其他途径获得的图片作为新角色使用,本节主要以制作吉他角色为例进行详细介绍。

### 1. 查找图片

从网页中找到一张满意的吉他图片,并将图片保存在电脑桌面上,如图 4.14 所示。

图 4.14　从网页中下载图片

### 2. 从本地文件中上传角色

点击"从本地文件中上传角色"按钮,选择刚保存的吉他图片,并点击"打开"按钮,如图 4.15 所示。

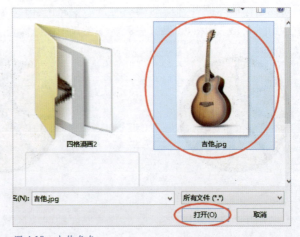

图 4.15　上传角色

3. 抠掉吉他图片的白色背景

如图 4.16 所示,选择位图模式中的"删除背景"工具,描出要保留部分的边框,完成初次删除。

初次删除背景后,效果并不满意,如图 4.17 所示,还存在一些问题。用"擦除"工具逐一擦除,如图 4.18 所示。

图 4.16 抠图

图 4.17 初次抠图

经过多次擦除,去除背景后的吉他图片如图 4.19 所示,几乎看不到四周的毛刺,比较光滑了。

图 4.18 擦除

图 4.19 抠图完成

## 4.4 拍摄照片当作角色

还可以使用电脑的摄像头拍摄照片，以将其当作角色。如图 4.20 所示，拍摄照片当作角色需要使用摄像头，笔记本电脑可使用自带的摄像头来完成，台式电脑需外接摄像头。

具体操作如下：

1. 将摄像头连接到电脑的 USB 接口。
2. 打开 Scratch 软件，舞台背景自动换成了摄像头中的画面。
3. 调节摄像头，直到清晰为止。如画面很清晰可跳过此步。

图 4.20 拍摄照片当作角色

4. 点击 Scratch 角色管理中的"拍摄照片当作角色"按钮，在 Scratch 中将出现动态的摄像头画面，点击"保存"按钮。

拍摄完成后，Scratch 将用刚刚拍摄的照片作为新角色的造型，如图 4.21 所示。

图 4.21 拍摄的照片

## 4.5 角色造型管理

大家可能有点迷糊，角色？造型？其实，不难理解，Scratch 角色是 Scratch 中的主角，脚本控制的对象。造型是角色的外观，一个角色至少有一个造型，允许有多个造型。相当于一个人，一套衣服就是一个造型，可以换多套衣服，但角色始终是一个。

Scratch 中的每一个角色，都包含脚本、造型和声音三个属性，三个属性的不同配置共同作用，可实现各种奇妙的效果，思维导图如图 4.22 所示。

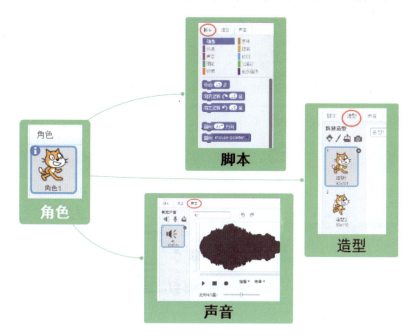

图 4.22　角色的三个属性

从图 4.22 中可以看出，前几节介绍的新建 Scratch 角色，只是 Scratch 角色的造型这一属性。造型可能是一个，也可能是多个。用"从角色库中选取角色"方法新建的角色，多数至少有两个造型。用"绘制角色""从本地文件中上传角色"和"拍摄照片当作角色"这三种方法新建的角色都只有一个造型。不论使用哪种方法新建的角色，切换到对应的"造型"选项卡后，都可继续增加造型和删除、修改造型，如图 4.23 所示。

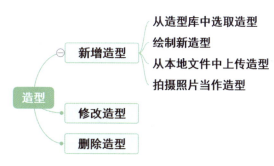

图 4.23　造型的相关操作

角色相当于生活中的某一个人物，造型相当于人物每天穿的衣服，同一人物可能有多套衣服，后面章节中介绍的脚本，可控制角色切换造型，以达到动画效果。

## 4.6 创建新造型

在 Scratch 的角色管理中，可从角色库中选取角色。在造型管理中，也可以从造型库中选择造型，如图 4.24 所示。从角色库中选择的小猫，有造型 1 和造型 2 两个造型，从角色库中选取的角色多数都有几个造型，但从造型库中选择的造型只有一个。

图 4.24 造型管理

如图 4.25 所示，一个角色的造型显示在中间区域，右侧自动打开了绘图编辑器，可对造型进行修改。

图 4.25 新建造型、修改造型、删除造型

### 4.6.1 从造型库中选取造型

1. 选取角色

点击"从角色库中选取角色"按钮，从弹出的窗口中选择小猫角色，如图 4.26 所示。

2. 切换到"造型"选项卡

图 4.26 选择小猫角色

图 4.27 切换到"造型"选项卡

3. 从造型库中选取造型

点击"从造型库中选取造型"按钮，从弹出的菜单中选择适当的造型，点击"确定"按钮，如图 4.28 所示。

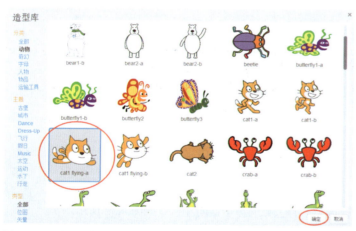

图 4.28 从造型库中选取造型

4. 新建造型完成

在之前造型的基础上就增加了一个新造型，如图 4.29 所示。

4.6.2 绘制、修改、删除造型

1. 绘制新造型

点击"绘制新造型"按钮，绘制新角色的第一个造型，如图 4.30 所示。

图 4.29 新建造型

图 4.30　绘制新造型

#### 2. 复制造型

如图 4.31 所示，切换到"造型"选项卡，右键点击绘制好的第一个造型，从弹出的菜单中选择"复制"项，即可复制一个刚绘制好的造型。

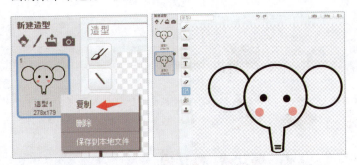

图 4.31　复制造型

#### 3. 修改造型

在绘图编辑区中修改造型，将大象的鼻子摆向左边，如图 4.32 所示。

图 4.32　修改造型

#### 4. 制作造型 3

重复步骤 3，复制造型 1，得到鼻子在正下方的造型，修改造型，将大象的鼻子摆向右边，如图 4.33 所示。

图 4.33 制作造型 3

### 4.6.3 从本地文件中上传造型

1. 准备素材

从网上下载的图片或者拍摄的照片，大多数是带白色背景或其他背景的，如图 4.34 所示，需要将背景处理成透明的。方法一是，用 Photoshop 等制图软件进行处理，以便于上传到 Scratch。具体方法参照相关软件的详细内容。

方法二是上传到 Scratch 后，使用"删除背景"工具删除背景，具体方法可参照"删除背景"工具的使用。

2. 上传造型

点击"新建造型"区域中的"从本地文件中上传造型"按钮，上传新角色的第一个造型，如图 4.34 所示。再切换到该角色的"造型"选项卡，点击"从本地文件中上传造型"按钮，新建第二个造型，如图 4.35 所示。

图 4.34 带背景的图片

图 4.35 上传第二个造型

### 3. 删除不用的造型

切换到造型区，选择不用的造型，点击右上角出现的"X"标志，即可删除该造型，如图4.36所示。

图4.36 删除造型

### 4.6.4 拍摄照片当作造型

请参照拍摄照片当作角色的相关方法。

## 4.7 角色的声音管理

Scratch 角色库中的每一个角色都带有一个声音，尽管有的声音不是很恰当。选择角色后，切换到"声音"选项卡，选项卡中包含声音的相关操作，如图4.37所示。

图4.37 角色自带声音

### 4.7.1 从声音库选取声音

和 Scratch 的角色库和造型库一样，Scratch 自带很多种声音，如图4.38所示，切换到"声音"选项卡后，点击"从声音库中选取声音"按钮，打开声音库，如图4.39所示。

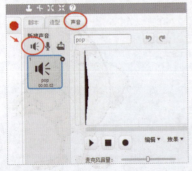

图4.38 打开声音库

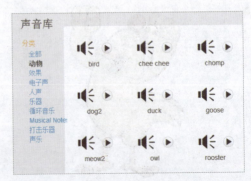

图4.39 声音库

在 Scratch 声音库中，左侧有一些分类标签，点击合适的分类标签，可快速找到适当的声音。

在图 4.40 中，点击每一种声音图标右侧的播放按钮，可以预览声音，先听一听，合适后再选择，点击"确定"按钮，完成声音的选取。

图 4.40　声音库中的声音

## 4.7.2　录制声音

### 1. 连接相关硬件

将麦克风插入电脑中的相应接口，连接好音箱，如图 4.41 所示。笔记本电脑自带音箱和麦克风，无须外接。

### 2. 调试麦克风

接下来是选择输入端和输入音量控制，如图 4.42 的左图所示。用鼠标右键点击桌面右下角的音量控制图标，从弹出的菜单中选择"录音设备"，打开如图 4.42 右图所示的对话框。麦克风接好后，电脑会自动识别出来。说话测试一下，可看到右侧的音量柱上下跳动，表示麦克风工作正常。

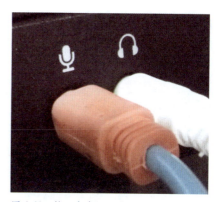

图 4.41　接入麦克风

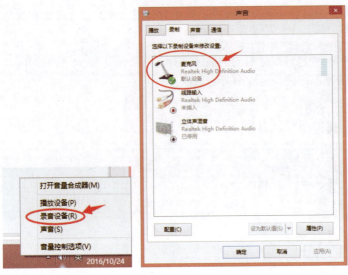

图 4.42 选择输入端

如果声音太小，可双击所示的麦克风选项，打开"麦克风 属性"窗口，调整麦克风的音量到适当的大小，如图 4.43 所示。

如图 4.44 所示，在 Scratch 声音编辑器中，也可对麦克风进行音量控制。

图 4.43 调节音量

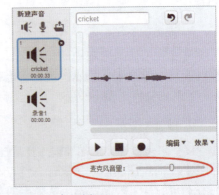

图 4.44 声音编辑器

3．录制声音

切换到角色的"声音"选项卡，点击"录制新声音"按钮，打开声音编辑器窗口，如图 4.45 所示，点击其中的"录制"按钮，开始录制声音。录制过程中的界面如图 4.46 所示。

图 4.45　录制声音

图 4.46　录制中

如图 4.47 所示，录制完成。

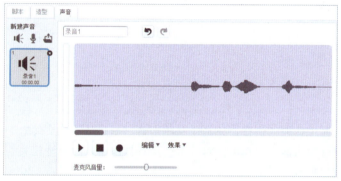

图 4.47　录制完成

4. 预览声音

所有的声音添加到角色的"声音"属性选项卡后，都可以进行预览，如图 4.48 所示。声音录制完成后，点击声音编辑器左侧的"播放"按钮（播放快捷键为空格键），预览一下声音，同时可观察播放的轨迹线移动位置，并适时记下需要修改的位置，以便进入下一步的编辑声音环节。

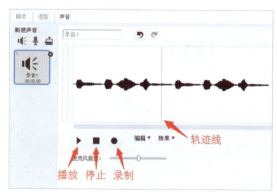

图 4.48　预览声音

### 5. 从头到尾全部播放

如图 4.49 所示，点击波形，按键盘上的空格键或点击"播放"按钮，即可播放。

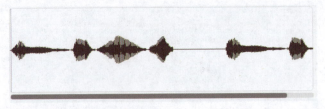

图 4.49　在波形图中定点播放

### 6. 从指定位置开始播放

如图 4.50 所示，将鼠标指针指向波形中的某一位置，点击后，时间轴切换到当前位置。再按键盘上的空格键或点击"播放"按钮，即可从当前时间轴位置开始播放。

图 4.50　从指定位置播放

## 4.7.3　编辑声音

不论是从 Scratch 声音库中选取的声音，还是录制的声音，或是从本地文件中上传的声音，在 Scratch 的声音编辑器中，都可以对该声音进行再次编辑。声音相关的常见操作如图 4.51 和图 4.52 所示。

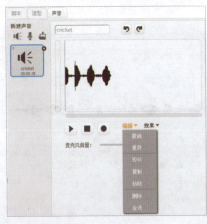

图 4.51　编辑声音

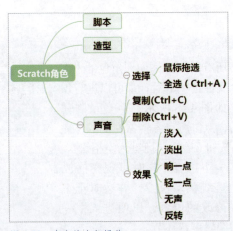

图 4.52　声音的全部操作

## 1. 选择部分声音

如图 4.53 所示，录制声音时往往不能一次性全部录制好，需要进一步编辑处理。拖动波形文件下方的滑块，找到要删除的部分，按住鼠标左键，拖动，以完成选择。按 Ctrl+A 键，可选择全部声音。

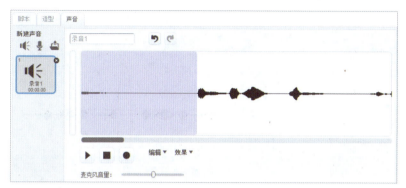

图 4.53　选择部分声音

## 2. 删除选择的声音

如图 4.54 所示，选择好声音后，按退格键（BackSpace 键）或选择"编辑"下拉菜单中的"删除"命令，删除不需要的声音。删除前，一定要先选择，可选择声音的任何部分进行操作。

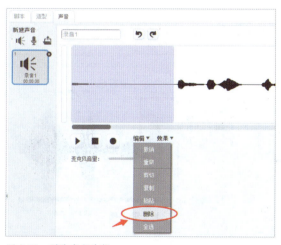

图 4.54　删除声音片断

## 3. 复制声音

如图 4.55 所示，选择需要复制的部分，选择声音编辑器中的"编辑"菜单，从弹出的菜单中选择"复制"命令，完成复制。

如图 4.56 所示，用鼠标在波形图的适当位置点击，移动插入点到目标点，点击声音编辑器中的"编辑"菜单，从下拉菜单中选择"粘贴"命令，完成选择声音部分的复制。

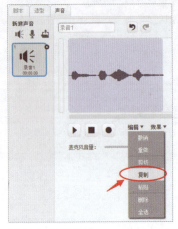

图 4.55 复制声音

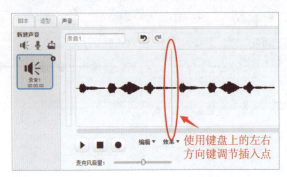

图 4.56 移动时间轴

4. 淡入效果（声音慢慢变大）

如图 4.57 所示，在波形图中，声音一开始播放，音量就很大，感觉比较刺耳，一般情况下，需要制作 1 秒的淡入效果，声音在 1 秒内慢慢变大，这样听起来感觉比较好。

选择需要制作淡入效果的波形，一般选择开始的一段，时间大约为 1 秒，如图 4.58 所示。

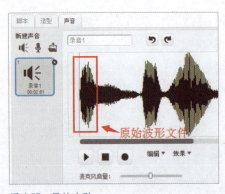

图 4.57 原始波形

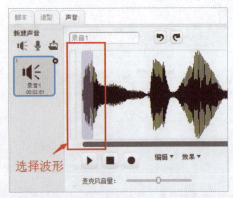

图 4.58 选择波形

如图 4.59 和图 4.60 所示，选择好要制作淡入效果的声波后，打开"声音"编辑器中的"效果"菜单，从下拉菜单中选择"淡入"选项，淡入效果就制作好了，如图 4.60 所示。

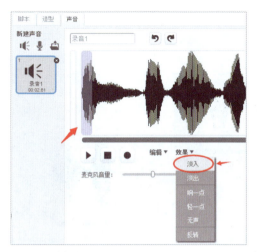

图 4.59 选择淡入

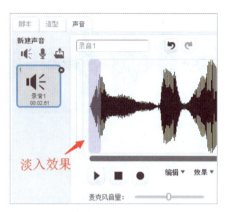

图 4.60 淡入完成

5. 淡出效果（声音慢慢变小）

与淡入效果类似，淡出效果是指选择部分声音慢慢变小。如图 4.61 所示，波形突然停止，听起来感觉不舒服，加上淡出效果后就自然多了。

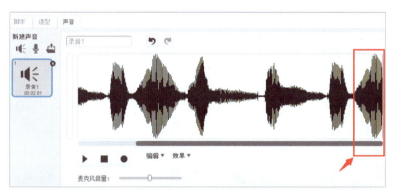

图 4.61 需要淡出的部分

其主要操作步骤如下：

（1）选择要制作淡出效果的波形，如图 4.62 所示。

（2）打开声音编辑器中的"效果"菜单，从下拉菜单中选择"淡出"选项，如图 4.63 所示。

图 4.62 选择

（3）淡出效果制作完成，移到时间轴的适当位置，试听一下淡出效果，如图 4.64 所示。

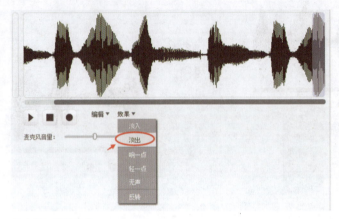

图 4.63　选择淡出　　　　　　　　　　　　　　　　　图 4.64　淡出完成

6．响一点（声音调大一点）

Scratch 角色的各种声音，如果音量太小，可用"响一点"效果将声音调大。调节音量之前，必须先选择需要调节的部分声波，一般是按 Ctrl+A 组合键全部选择，也可以根据需要，用鼠标拖选部分声波。

图 4.65 所示的是音量调节前的声波图，声波上下振动的幅度很小。物理学中说，振幅决定音量。从该声音的上下振动幅度就可知道，这段声音的音量不大。

调大声音的操作步骤如下：

（1）点击波形窗口，按 Ctrl+A 组合键，选择全部声波，如图 4.65 所示。

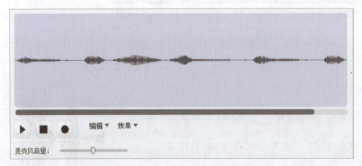

图 4.65　选择全部声波

（2）打开声音编辑器中的"效果"菜单，选择"响一点"选项。从波形窗口中，可见上下振幅变大了一些，试听，如图 4.66 所示。如此重复，直到音量合适为止。

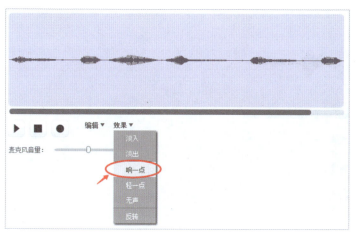

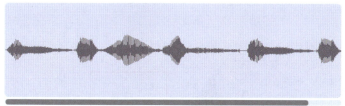

图 4.66 "响一点"效果

### 7. 轻一点（声音调小一点）

与"响一点"效果相反，对于音量较大的声音，需要把音量调小一点。其具体操作步骤如下：

（1）试听一下，选择声音较大的波形，或是全部波形，如图 4.67 所示。

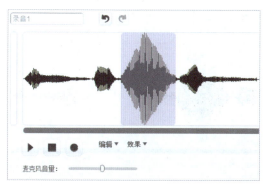

图 4.67 选择需要调小音量的波形

（2）打开声音编辑器中的"效果"菜单，从中选择"轻一点"选项，将音量调低一点，如图 4.68 所示，可重复多次，直到音量合适为止。

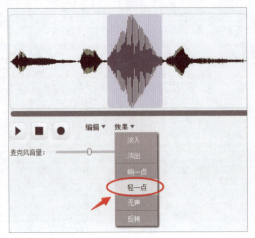

图 4.68 "轻一点"效果

8. 无声（全部静音）

在录制声音的过程中，因为麦克风或线路的原因，没有声音的时候，可能会录下一些电流声，这时，可以通过"无声"功能，将电流声去掉。如图 4.69 所示，经试听后，确认这一段为不需要的电流声。选择这一段声波，打开声音编辑器中的"效果"菜单，选择"无声"选项就可以了。

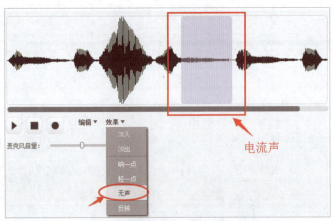

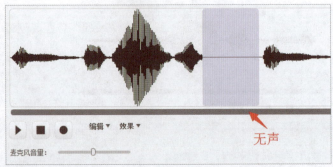

图 4.69 "无声"效果

9. 反转（从后往前倒着播放）

如图 4.70 所示，这是一段鼓声，每一个鼓点都是先大后小。如图 4.71 所示，选择这一段鼓声的波形后，点击声音编辑器中的"效果"菜单中的"反转"选项，完成后如图 4.72 所示。

图 4.70　鼓声

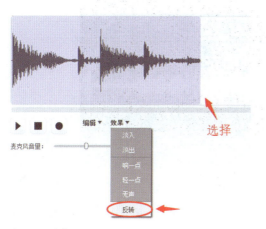

图 4.71　反转

图 4.72　反转完成

### 4.7.4　数字故事实例：英语情景剧

用其他软件采集和剪辑好的声音文件，可用"从本地文件中上传声音"的方法传到 Scratch 中。Scratch 2.0 支持从本地文件中上传 mp3 格式的文件。

示例：制作英语情景剧。过程中需录制声音，并上传到对应 Scratch 角色的属性中。

录音软件推荐 Cool Edit Pro 2.1，如图 4.73 所示，界面是中文的，简单易上手，可制作多种效果和生成多种格式的声音文件，具体操作方法详见 Cool Edit 的相关教程。

具体操作方法如下：

1. 准备剧本

- A：Do you like bananas?
- B：No, I don't.

- A：Do you like oranges?
- B：No, I don't.
- A：Do you like apples?
- B：Yes, I do!

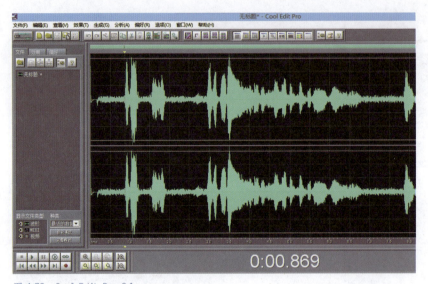

图 4.73　Cool Edit Pro 2.1

课本内容如图 4.74 所示，将课本中的人物角色换成 Scratch 中的卡通角色，对话内容不变。

图 4.74　英语课本

## 2. 分析项目

如表 4.1 所示,将课本中的人物换成卡通角色,设计好背景,录制好声音文件。

表 4.1 Do you like 项目分析表

| 背景 | | 角色 A | 角色 B |
|---|---|---|---|
|  | 脚本 | | |
| | 造型 |  |  |
| | 声音 | 1. mp3、3. mp3、5. mp3 | 2. mp3、4. mp3、6. mp3 |

## 3. 设计舞台

如图 4.75 所示,从背景库中选择一个合适的背景。

## 4. 导入角色

从角色库中选择角色,调整角色方向,修改为面对面,如图 4.76 所示。

图 4.75 背景

图 4.76 调整角色方向

## 5. 上传声音

按照项目分析表为甲壳虫添加声音。甲壳虫的声音文件为 1. mp3、3. mp3 和 5. mp3,逐一上传声音文件,将声音添加到角色的声音列表中,如图 4.77 所示。

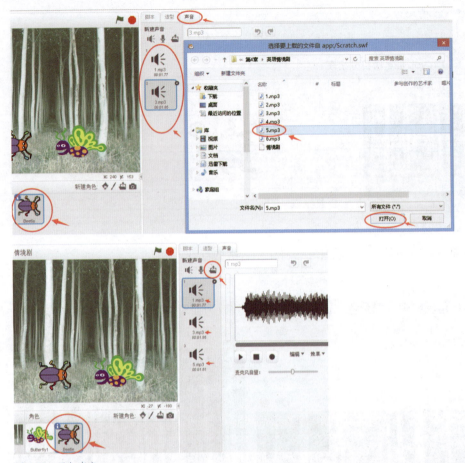

图 4.77 添加声音

按照项目分析表,为蝴蝶添加声音。蝴蝶的声音文件为 2.mp3、4.mp3 和 6.mp3,按上述方法,逐一上传声音文件,上传完成后如图 4.78 所示。

6. 设计、调试脚本

甲壳虫的具体脚本如图 4.79 所示,详细介绍见后面章节。

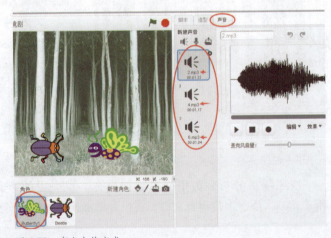

图 4.78 声音上传完成

图 4.79　甲壳虫的脚本

蝴蝶的具体脚本如图 4.80 所示，详细介绍见后面章节。

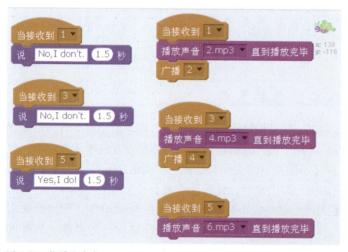

图 4.80　蝴蝶的脚本

# 第 5 章 事件模块

本章学习要点：

1. 了解 Scratch 的各种事件。
2. 理解作为开始标志的事件模块的作用。
3. 灵活、科学地选择事件开始标志。

## 5.1 Scratch 中的各种事件

上课铃声响起，同学们陆续进入了教室。同学们是因为听到了上课铃声这一事件，才做了进入教室这一动作。小朋友在家里认真看书，忽然传来了敲门声，小朋友立即去询问是谁……无论是听到铃声进入教室，还是听到敲门声到门口去询问，这些动作都是开始于某一具体事件，这种事件，决定人什么时候做出相应的动作。在 Scratch 中，把这类决定程序开始的称为事件。所有的程序都由一个事件开始执行。

如图 5.1 所示，Scratch 的事件包括：当绿旗被点击、当按下 X 键、当角色被点击、当背景切换到 X、当响度（计时器/视频移动）大于、当接收到 X 消息。

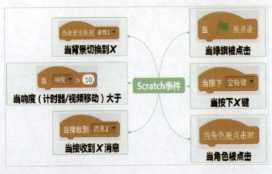

图 5.1 所有事件

1. 名称：当绿旗被点击。

功能：如图 5.2 所示，Scratch 舞台窗口右上侧有一个绿旗按钮，当点击这个按钮后，如图 5.3 所示，这个 Scratch 项目的所有程序都将开始运行。点击右侧的红色圆点按钮后，所有的程序停止运行。

图 5.2 绿旗按钮

图 5.3 绘制正三角形

2. 名称：当按下 X 键。

功能：当用户按下键盘上的某个按键后，程序开始运行，如图 5.4 所示。按键包括：

26个英文字母键、10个数字键、空格键、上下左右方向键、任意键（不包括 Esc 键和笔记本电脑上的 Fn 功能键）。

图 5.4　当按下 X 键

示例：方向键控制飞机飞行方向，运行情况如图 5.5 所示。

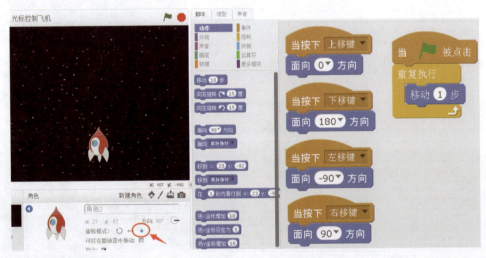

图 5.5　方向键控制飞机飞行

3. 名称：当角色被点击时。

功能：当用户点击角色后，程序开始运行，如图 5.6 所示。用鼠标点击甲壳虫后，

第 5 章 事件模块

甲壳虫隐藏，0.3 秒后，移动到另一位置并显示出来，再次点击后，继续执行隐藏、换位置显示程序。

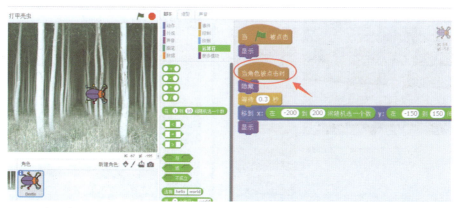

图 5.6 打甲壳虫

4. 名称：当背景切换到 X。

功能：当背景切换时，运行后续程序，如图 5.7 所示。背景的脚本是当绿旗被点击时，重复执行下一背景——等待 1 秒，如图 5.8 所示。当背景切换后，小猫移动到不同的位置。

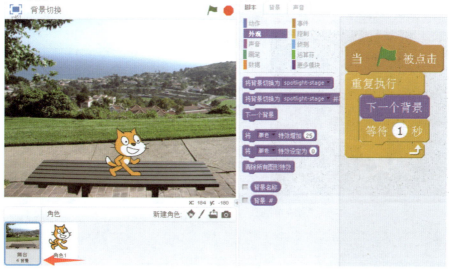

图 5.7 背景脚本

图 5.8 背景切换事件

5. 名称：当响度大于 X。

功能：当麦克风检测到声音音量大于 10 时，运行相应程序，如图 5.9 所示。当检测到声音音量大于 10 时，路灯亮起，背景变亮；当重新运行程序后，背景恢复到黑暗状态，以演示声控灯的工作情况。

图 5.9 声控灯

6. 名称：当计时器大于 X。

功能：通常用于计时，如游戏运行时间控制，如倒计时 60 秒游戏结束。

如图 5.10 所示，程序运行后，先执行初始化模块，再重复执行 22 次。每执行一次，等待 1 秒，并判断时间变量 time，如果小于 0，就停止全部程序。

图 5.10　游戏倒计时

7. 名称：当视频移动大于 X。

功能：侦测视频相对移动速度，如果速度大于指定值，触发这一事件，如图 5.11 所示。当视频对象移动速度大于 50 时，将显示文字"视频移动了"0.5 秒。数字越小，事件响应越灵敏，数字越大，事件响应越迟钝。

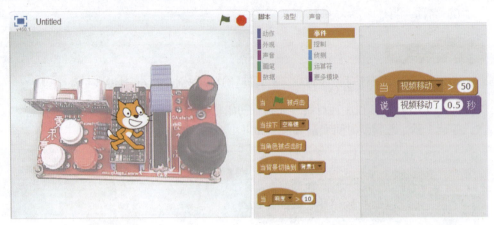

图 5.11 侦测视频移动

8. 名称：当接收到消息。

功能：Scratch 内部的一种消息传递机制，如图 5.12 和图 5.14 所示。当角色 1 移动到边缘时，发送广播 aa，名称是随意取的，建议根据事件命名，以便于理清多个广播的作用。背景的脚本如图 5.13 所示，当背景接收到广播，运行脚本"下一个背景"切换到下一个背景，如此循环。

图 5.12 发送广播

图 5.13　背景脚本　　图 5.14　背景造型列表

## 5.2　Scratch 事件模块的选择

如图 5.15 所示，Scratch 中的事件并不多。在选择时，需要根据任务需要，科学地选择开始标志。所有的 Scratch 程序都在"当绿旗被点击"后开始执行。除"当绿旗被点击"开始标志外，其余开始标志，都在点击绿旗后，进入等待状况，当满足相应条件时，此开始模块才会执行。如在点击绿旗后，"当按下空格键"模块进入准备状态，并不会立即执行，当测试者再按下空格键后，才执行此部分模块。

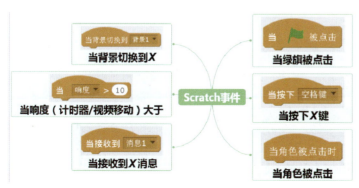

图 5.15　所有 Scratch 事件

表 5.1 将各开始标志进行了总结,便于读者发现它们之间的区别。

表 5.1 开始标志对比

| 模块 | 功能 |
| --- | --- |
| 当 ▶ 被点击 | 点击绿旗后开始 |
| 当按下 空格键 ▼ | 点击绿旗后,所有脚本进入等待状态。当用户再按下空格键,即开始执行后面的脚本 |
| 当角色被点击时 | 点击绿旗后,所有脚本进入等待状态。当用户再用鼠标点击该角色,即开始执行后面的脚本 |
| 当接收到 消息1 ▼ | 点击绿旗后,所有脚本进入等待状态。当用户接收"消息1"后,即开始执行后面的脚本 |
| 当背景切换到 背景1 ▼ | 点击绿旗后,所有脚本进入等待状态。当背景切换到背景1后,即开始执行后面的脚本 |
| 当 响度 ▼ > 10 | 点击绿旗后,所有脚本进入等待状态。当"响度"达到10后,即开始执行后面的脚本 |
| 当 计时器 ▼ > 10 | 点击绿旗后,所有脚本进入等待状态。当"计时器"大于10后,即开始执行后面的脚本 |
| 当 视频移动 ▼ > 10 | 点击绿旗后,所有脚本进入等待状态。当"视频移动"大于10后,即开始执行后面的脚本 |

# 第 6 章 动作模块

本章学习要点：

1. 了解各种动作模块的功能和作用。
2. 理解 X 坐标和 Y 坐标的含义和实际用途。
3. 掌握识别 Scratch 方向系统的方法，并注意与数学中平面内的方向建立起联系。
4. 掌握移动和转向模块的功能和实际用途。
5. 能制作指针式时钟，理解将系统时间转换成时针和分针角色的算法，体验用数学知识解决实际问题的过程。

事件模块里多数是程序的开始标志，开始标志决定这段程序何时开始执行。而本章将介绍的动作模块，主要控制角色的移动、旋转、坐标和方向等，是让角色动起来最关键的一组模块。在这一章里，我们将用一些小示例说明脚本的具体含义，以便于大家理解。

## 6.1 Scratch 中的角色坐标

角色坐标，指角色在舞台中的位置，用一对数字描述，如：（30，120）。其中，第一个数字表示角色位于水平方向 X 轴上的位置，第二个数字表示角色位于垂直方向 Y 轴上的位置。X 轴的中心点为 0，最左端为 –240，最右端为 240。Y 轴的中心点也是 0，最下方是 –180，最上方是 180，如图 6.1 所示。

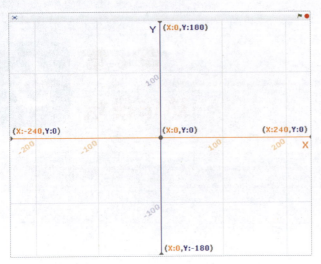

图 6.1  Scratch 的舞台坐标

坐标包含水平方向（橙色线条）的 $X$ 轴，垂直方向（蓝色线条）的 $Y$ 轴，中心点是 $X$ 轴和 $Y$ 轴的交叉点。

Scratch 的长度单位是步，无论显示器屏幕有多大，Scratch 将舞台的水平方向，即 $X$ 轴的长度设定为 480 步。如图 6.2 所示，水平方向最左端的坐标为 –240，向右逐渐增加，直到水平方向中心点，其 $X$ 轴的坐标为 0。继续向右，逐渐增加，直到最右端，$X$ 轴的坐标为 240。这样，Scratch 舞台的水平方向的 $X$ 轴，中心点左侧为 240 步，右侧也为 240 步，水平方向的 $X$ 轴的总长度为 480 步。

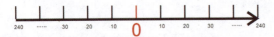

图 6.2  舞台的 $X$ 轴坐标

如图 6.3 所示的是舞台的 $Y$ 轴坐标，与水平方向的 $X$ 轴一样，垂直方向的 $Y$ 轴最下方的坐标为 –180，向上逐渐增加，直到中心点，其坐标为 0，继续向上，逐渐增加，直到最上方，坐标为 180。这样，Scratch 舞台的垂直方向的 $Y$ 轴，中心点上方为 180 步，下方也为 180 步，垂直方向的 $Y$ 轴的总长度为 360 步。

以下主要介绍控制角色坐标的几个脚本。

1. 名称：移到坐标点 `移到 x: 0 y: 0`。

功能：将角色移动到指定的坐标点。

图 6.3  舞台的 $Y$ 轴坐标

**说明**：默认情况下，角色位于舞台的中心点，坐标为（0，0）。如图 6.4 所示，此时动作脚本里的"移到坐标点"模块的坐标数字为当前角色的坐标。

图 6.4　坐标点更新

如图 6.5 所示，当用鼠标拖动角色，移动到理想位置后，动作脚本里的"移到坐标点"模块的坐标数字更新为角色当前的坐标。

图 6.5　舞台的中心点

2. 名称：在 X 秒内滑行到指定坐标

功能：在指定的时间内，角色从当前位置，匀速、直线滑行到指定的坐标。距离为角色当前位置到目标坐标的直线距离，时间为指定的时间。这样，Scratch 计算出移动平均速度，平滑移动到目标坐标。

示例：从右下角飞行到左上角。

脚本如图 6.6 所示，点击绿旗，将角色移动到初始坐标（218，–145），再执行 3 秒内滑行到坐标（–191，146）。这样，运行效果是：如图 6.7 所示，角色先移动到右下角（218，–145），这一过程很快，几乎看不到移动，再缓慢滑行到目标坐标（–191，146），如图 6.8 所示。

图 6.6 从右下角飞行到左上角的脚本

图 6.7 当前坐标

图 6.8 滑行到目标坐标

3. 名称：将 x 坐标增加 10 步

功能：如图 6.9 所示，当按下右移键时，角色的 x 坐标增加 10 步，角色右移 10 步；当按下左移键时，角色的 x 坐标增加 –10，也就是减少 10 步，角色左移 10 步。

4. 名称：将 y 坐标增加 10 步

功能：如图 6.9 所示，当按下上移键时，角色的 y 坐标增加 10 步，角色上移 10 步；当按下下移键时，角色的 y 坐标增加 –10，也就是减少 10 步，角色下移 10 步。

第 6 章 动作模块

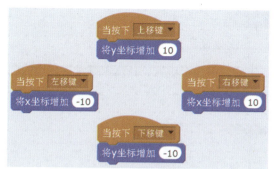

图 6.9 控制角色移动

5. 名称：将 x 坐标设定为某个值，x 的范围为（-240~240），详见图 6.2 所示的舞台 X 轴的坐标 ![将x坐标设定为 0]。

功能：将角色的 x 坐标设定为某一值，范围为（-240~240），执行时，角色将瞬间移动到指定的 x 坐标。

6. 名称：将 y 坐标设定为 y，y 的范围为（-180~180），详见图 6.3 所示的舞台 Y 轴的坐标 ![将y坐标设定为 0]。

功能：将角色的 y 坐标设定为某一值，范围为（-180~180），执行时，角色将瞬间移动到指定的 y 坐标。

7. 名称：移到鼠标指针 ![移到 鼠标指针]。

功能：角色跟随鼠标指针移动，鼠标指针移动到哪里，角色也移动到哪里，无延迟。

示例：小猫始终跟随鼠标指针移动，如图 6.10 所示。

图 6.10 跟随鼠标指针移动

8. 名称：移到随机位置 移到 random position。

功能：角色移动到舞台的随机位置，每次位置都不同。

示例：如图 6.11 所示，当角色被点击后，换一个位置，让玩家继续捉。换的位置是随机的，可增加游戏的可玩性。

图 6.11 捉螃蟹

9. 名称：移到角色位置

功能：瞬间移动到其他角色的位置，至少有两个角色时该功能才可用。

示例：如图 6.12 所示，有三个角色，对于螃蟹来说，它只能移动到其他两个角色的位置。

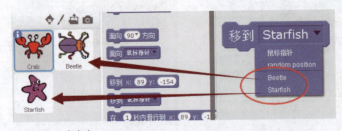

图 6.12 三个角色

运行效果如图 6.13 所示，当按下键盘上的 1 键时，移到甲壳虫位置；当按下键盘上的 2 键时，移到海星位置。

图 6.13 移动到其他角色的位置

## 6.2 角色方向

数学知识里讲，在平面内，在没有特殊标志的前提下，上方是北方，下方是南方，左方是西方，右方是东方，简称为"上北下南，左西右东"。在Scratch软件中，有类似的方向标识系统。在Scratch舞台平面上，分为上下左右，是指当用户面向电脑屏幕时，用户的左手方为左，右手方为右，上方为上，下方为下。Scratch中的角色也遵循这一原则，角色移动方向也按此规则来识别，如图6.14所示。动作脚本中的"面向$X$方向"模块，包含向上、向下、向左、向右共4个方向的控制，如图6.15所示。

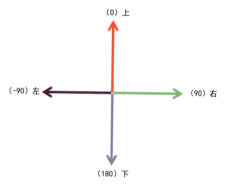

图 6.14 舞台方向

**1.名称**：面向$X$方向

功能：将角色面向指定的方向。

弹出的"面向$X$方向"模块如图6.15所示。为确保角色的实际面向按照脚本指定的方向旋转，在绘制角色时，必须将角色面向右（90）方向绘制，否则，将出现角色实际面向与运动方向不一致的情况，这一点要特别注意，如图6.16所示。

图 6.15 "面向$X$方向"模块

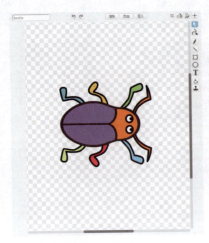

图 6.16 朝向右方绘制角色

2. 名称：面向鼠标指针 。

功能：将角色的方向面向鼠标指针。

3. 名称：碰到边缘就反弹 指针。

功能：角色向各方向移动，碰到边缘后，像乒乓球一样，反弹回来。

4. 名称：将旋转模式设定为左-右翻转/上-下翻转

功能：在执行旋转动作时，有两种旋转方式，如图 6.17 所示，此模块将限定该角色的旋转模式。

图 6.17 旋转模式对比

## 6.3 移动和转向模块

要设计精彩的互动项目，移动和转向是最基础的功能。Scratch 项目的所有动作都是通过脚本来实现对角色的控制的。角色的动作全部在动作脚本里。包括移动、旋转等。下面，将详细介绍各动作模块的功能和示例效果。

1. 名称：移动 `移动 10 步`。

功能：向当前方向，移动 10 步。当前方向为之前脚本中指定的角色方向，默认为向右。

2. 名称：向右旋转 `向右旋转 ↻ 15 度`。

功能：角色向右旋转 $X$ 度。Scratch 角度就是数学中的标准角度，其中，向右旋转指顺时针旋转，旋转一周为 360 度。

3. 名称：向左旋转 `向左旋转 ↺ 15 度`。

功能：角色向左旋转 $X$ 度。

造型中心：如图 6.18 所示，在 Scratch 造型编辑器中，不论处于位图模式还是矢量图模式，右上角都有一个"设置造型中心"按钮，作用是设置造型的中心点。

一般情况下，每个角色默认的造型中心是角色本身的中心位置，如图 6.19 所示。

图 6.18 设置造型中心

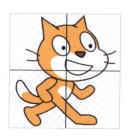

图 6.19 角色的默认中心

根据任务需要，也可将造型中心设置到其他位置。如图 6.20 所示，制作时钟动画时，就应该把造型中心设置到指针一端，设置成功后，将显示一个灰色十字定位标志。

图 6.20 在左端设置造型中心

## 6.4 创新应用：指针式时钟

指针式时钟，顾名思义，模仿机械时钟，用指针的方式来指示时间。我们可以轻松获得当前电脑系统的时间，难点在于，设计什么样的算法，把当前时间的小时数转换成时针应该指示的角度；把当前时间的分钟数，转换成分针应该指示的角度；

把当前时间的秒数，转换成秒针应该指示的角度，剧本分析如表 6.1 所示。

表 6.1 指针式时钟剧本设计表

| 角色 | 剧本分析 | Scratch 模块 |
| --- | --- | --- |
| 背景 | 纯白 | 无 |
| 时针 | 移到舞台正中间，面向上方，重复执行：面向当前时间的时针方向 | |
| 分针 | 移到舞台正中间，面向上方，重复执行：面向当前时间的分针方向 | |
| 秒针 | 移到舞台正中间，面向上方，重复执行：面向当前时间的秒针方向 | |

### 6.4.1 制作时针、分针、秒针

要点：如图 6.21 所示，更改名称为"时针"；设置造型中心为左端；指向右方。

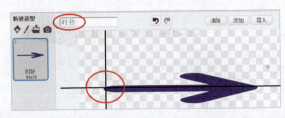

图 6.21 制作时针

用同样的方法制作分针、秒针，如图 6.22 和图 6.23 所示。

图 6.22 制作分针

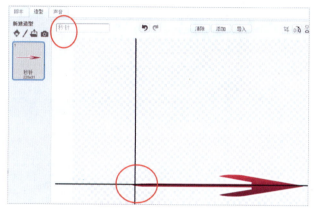

图 6.23 制作秒针

### 6.4.2 更改造型名称

如图 6.24 和图 6.25 所示，点击角色左上角的蓝色信息图标，弹出图 6.25 所示的信息栏，可更改默认名称为相应的时针、分针和秒针，并将"旋转模式"更改为"旋转"。

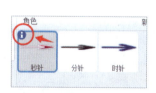

图 6.24 更改角色名称

图 6.25 更改角色名称和旋转模式

### 6.4.3 调试脚本——初始化开始位置和指针 0 度位置

初始化时针、分针和秒针的脚本完全相同，如图 6.26 所示。

图 6.26 初始化时针、分针、秒针

### 6.4.4 调试时针脚本

如图 6.27 所示，侦测脚本里的"目前的小时、分、秒"，可以读取电脑系统时间，再经过数学运算，折算出此时此刻时针应该面向的角度。

时针转一周为 12 小时，角度为 360 度，这样，每一小时转动角度为 360÷12=30 度，所以时针脚本具体如图 6.28 所示。

图 6.27 侦测目前的时间

图 6.28 时针脚本

### 6.4.5 调试分针脚本

根据数学知识，分针转一周为 60 分，角度为 360 度，这样，每一分钟转动角度为 360÷60=6 度，所以分针的脚本如图 6.29 所示。

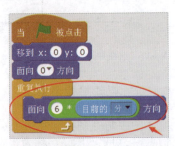

图 6.29 分针脚本

### 6.4.6 调试秒针脚本

根据数学知识，秒针转一周为 60 秒，角度为 360 度，这样，每一秒转动角度为 360÷60=6 度，所以分针的脚本如图 6.30 所示。

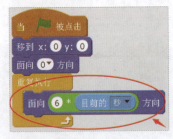

图 6.30 秒针脚本

### 6.4.7 添加角色

添加一个卡通角色，用来报告时间，脚本如图 6.31 所示。

图 6.31 报告时间

## 6.4.8 保存

调试好的脚本运行效果如图 6.32 所示。

图 6.32 指针式时钟的运行效果

# 第 7 章 外观模块

**本章学习要点:**

1. 掌握外观模块里各种模块的功能和实际运用效果。
2. 设计、制作"小猫游世界"项目,体验用 Scratch 创作数字故事的过程。
3. 掌握常见的颜色特效、超广角特效、旋转特效、像素化特效、马赛克特效、虚像和亮度特效,理解它们的实际效果,实现灵活运用。
4. 综合各种外观特效,设计、制作创新应用项目:我的图像特效器。
5. 掌握角色的复制、删除、放大、缩小和功能块帮助。

动作模块里的功能模块,其作用是用来控制角色的动作。而要设计出精美的画面效果,除了要设计精美的角色造型外,还需要使用外观模块,制作出丰富多彩的效果。

顾名思义,外观模块里全部是与角色外观相关的一些功能模块,如颜色、大小、特效等。在本章中,我们将用大量的对比效果图,帮助大家理解一些外观特效,以加深理解。

## 7.1 造型切换

如图 7.1 所示,与胶片电影原理一样,4 张连续动作的图片快速切换时,给我们的视觉感受就是动起来了。外观模块中的功能模块都是关于角色外观的。

1. 名称：显示。

   功能：将角色显示出来，相反作用的模块是"隐藏"。执行此模块后，角色将被显示出来。

2. 名称：隐藏。

   功能：将角色隐藏起来，相反作用的模块是"显示"。执行此模块后，角色将被隐藏起来。

图 7.1　造型切换

3. 名称：将造型切换到指定造型。

功能：如图 7.2 所示，该角色共有 4 个造型，此模块的作用是将造型切换到指定的造型。

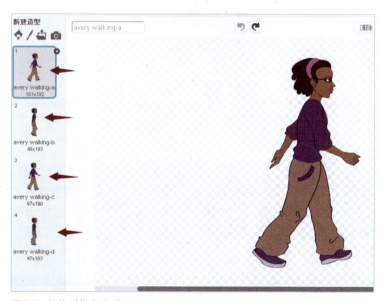

图 7.2　切换到指定造型

4. 名称：下一个造型。

   功能：如图 7.2 所示，此模块将更换造型顺序，逐一切换各个造型，最后一个切换到第一个，如此循环重复。

5. 名称：说文字 2 秒（2 秒后消失）说 Hello! 2 秒 。

功能：如图 7.3 所示，执行此模块，将以气球形式显示文字 2 秒，文字 2 秒后消失。文字内容和显示时间都是自行设定的。

6. 名称：说文字（不消失）说 Hello! 。

功能：与"说文字 2 秒"不同，"说文字 2 秒" 2 秒后文字将消失。此模块显示的气球文字不会消失，直到说下一个文字内容或思考下一个文字内容。

7. 名称：思考文字（不消失）思考 Hmm... 。

功能：如图 7.4 所示，与前面讲的"说文字"唯一的区别就是外形不同，"说文字"将在角色上方，以气球外形显示出来；"思考文字"将在角色上方，以气泡外形显示出来。

8. 名称：思考文字 2 秒（2 秒后消失）思考 Hmm... 2 秒 。

功能：以气泡形式显示文字 2 秒，2 秒后消失。

图 7.3　说文字 2 秒

图 7.4　思考

## 7.2　数字故事：小猫游世界

说到 Scratch 动画，很多朋友一开始最喜欢做一个小动物，在舞台上跑来跑去，很有成就感。确实是这样，一个人按照自己的想法，不论用哪一种方式将思路表达出来，都会显得特别有成就感。比如，有人喜欢说，有人喜欢画画……表达创意，是进行培养创新思维的开始。

小猫游世界，是一个入门的小动画项目。设计的效果是这样的：小猫左右来回走动，走到边缘，说"掉头！"掉过头来，换背景，继续朝另一方向走动，如此重复，给我们一个小猫游览世界的视觉效果，如图 7.5 所示。

设计好具体要做什么样的项目后，接下来就是将要达到的效果与 Scratch 的实现方法联系起来。最好的方式就是用百度脑图的方式，系统地将设计思路整理出来，如图 7.6 所示。

小猫游世界项目的界面如图 7.5 所示，扫右边的二维码将可看到"小猫游世界"的在线百度脑图。

图 7.5　小猫游世界

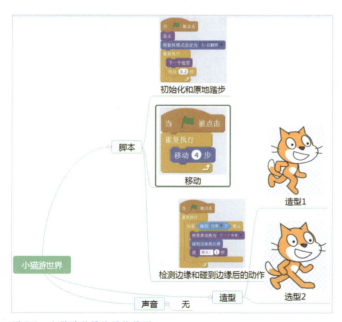

图 7.6　小猫游世界的思维导图

如图 7.6 所示，小猫游世界项目的主角——小猫，需要两个造型，来实现小猫踏步功能。

由两张不同造型的图片组成，不断地切换这两张图片，给我们的视觉感受就是小猫开始原地踏步了。这种切换不能靠人工来控制，而是由图 7.7 所示的设置来实现。再配上图 7.8 所示的脚本，小猫将在原地踏步的基础上开始移动，这样就完成了踏步移动的动画效果。

图 7.7 切换造型脚本     图 7.8 移动脚本

小猫游世界，需要多张背景图片，以实现游览世界的效果。在小猫踏步前进到舞台边缘时，掉头、换背景，继续朝另一方向前进。这一自动化动作，同样需要用脚本来控制，如图 7.9 所示。

详细的小猫游世界剧本如表 7.1 所示。按照角色对象，设计相应的剧本和 Scratch 模块，帮助大家把日常语言描述的事件和动作与 Scratch 脚本联系起来，便于理解 Scratch 脚本。

图 7.9 切换背景脚本

表 7.1 小猫游世界剧本设计表

| 角色 | 剧本设计 | Scratch 模块 |
| --- | --- | --- |
| 背景 | 5 张背景图 | |
| 小猫 | 当绿旗被点击时，将角色显示出来，再将旋转模式设定为左右。重复切换造型，实现踏步动作 |  |
| | 重复往前移动 |  |
| | 重复检测：如果碰到边缘，切换背景，碰到舞台边缘后反弹，说"掉头！" | 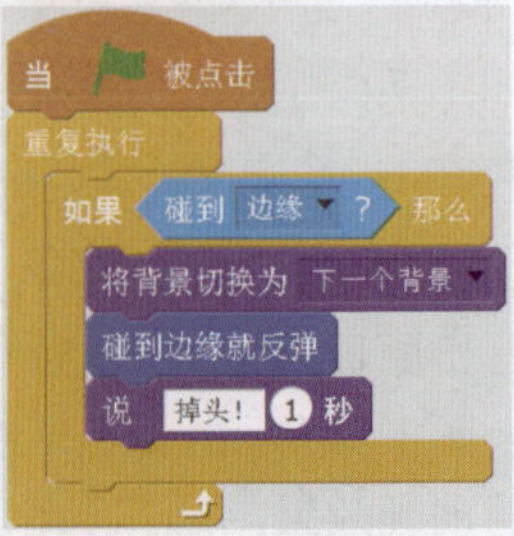 |

第 7 章 外观模块

本小节主要讲述小猫游世界的制作过程。

### 7.2.1 新建角色

新建 Scratch 项目，从角色库中导入小猫角色，一般情况下，小猫自带两个造型，如图 7.10 所示。

图 7.10 小猫造型

### 7.2.2 导入背景

从背景库中选择多个适当的背景，导入到背景列表中，数量没有限制，导入完成后如图 7.11 所示。

图 7.11 导入多张背景

### 7.2.3 调试小猫脚本——原地踏步

原地踏步，实际上就是不断切换至少两个不同的造型，因视觉停留的原因，给我们的感觉就是小猫动起来了。

如图 7.12 所示，小猫运动之前，有一些初始化的命令，详见表 7.2。

表 7.2 小猫踏步脚本详解

| 功能 | 模块 |
| --- | --- |
| 初始化位置 | 移到 x: -180 y: -99 |
| 显示出来<br>（之前有可能被隐藏了） | 显示 |
| 设置为"左 – 右翻转" | 将旋转模式设定为 左-右翻转 |

小猫原地踏步动画的原理是这样的：小猫的双腿分开造型和小猫双腿合拢造型，间隔一定的时间，不断交替，视觉上就是原地踏步了。准备好两个造型图片后，切换造型的动作由脚本来完成，如图7.13所示。

图7.12 小猫原地踏步　　图7.13 切换造型

### 7.2.4 调试小猫脚本——不断向前移动

小猫不断向前移动的动作，在点击绿旗后就开始执行，移动动作用移动模块即可完成。一个移动模块移动一次，所以这个移动模块需不断重复，完整脚本如图7.14所示。这里所说的"前"，是指小猫面向的方向，将在小猫碰到边缘后切换，以此完成左右来回移动的效果。

图7.14 不断向前移动

### 7.2.5 调试小猫脚本——检测边缘和碰到边缘后的动作

要实现小猫左右来回移动，碰到边缘后就切换背景，需要在小猫移动过程中，不断检测有没有碰到边缘，所以如图7.15所示，要用到"重复执行"模块，"如果……那么……"模块是一个条件判断语句，满足"碰到边缘"这一条件后，执行"那么"之后的模块："将背景切换到'下一个背景'"、"碰到边缘就反弹"、"说'掉头！'1秒"。

如图7.16和图7.17所示，"将背景切换为"模块中的背景名称与背景列表中的背景是一一对应的。新增背景后，在"将背景切换为"模块中会增加相应的背景名称。"下一

图7.15 碰到边缘脚本　　图7.16 将背景切换为模块　　图7.17 背景列表

个背景"模块和"上一个背景"模块不受背景多少影响，即使只有一个背景，也有"下一个背景"模块和"上一个背景"模块。

调试完成后的运行效果如图 7.18 所示。

## 7.3 造型特效

Photoshop 软件中内置了很多滤镜，可制作很多图片特效。Scratch 也不例外，也内置了几个常见的图片特效，具体如图 7.19 所示。

图 7.18 "小猫游世界"运行窗口

图 7.19 造型特效

1. 名称：将颜色特效增加 25。

功能：将造型的颜色值增加 25。颜色值不是美术里关于色彩的颜色值，这里讲的颜色值是 Scratch 专有的。其中颜色值为 0，表示原来的颜色。图 7.20 展示的是颜色值每增加 25 的效果，可以看出，颜色值每增加 25，色彩有一些变化，按色谱增加，增加 8 次后，颜色回到原来的颜色。

图 7.20 颜色特效图

2. 名称：将超广角镜头特效增加 25。

功能：超广角特效的意思是将造型中间放大，如图 7.21 所示。每增加 25，造型中间放大一些，增加多次后，呈现出最右侧图的效果。

不同于颜色特效的是，超广角镜头特效只能用"将超广角镜头特效设定为 0"的方式，让造型恢复到初始状态。

图 7.21 超广角镜头特效

3. 名称：将旋转特效增加 25  。

功能：从造型中心旋转造型，生成旋转特效，如图 7.22 所示。旋转特效每增加 25，造型将旋转一点，慢慢地增加，旋转越来越多，最终如最右侧的效果图所示。旋转特效只能用"将旋转特效设定为 0"模块恢复到最初的造型。

图 7.22 旋转特效

4. 名称：将像素化特效增加 25  。

功能：如图 7.23 所示，像素化是一种模糊工具，将造型进行模糊化处理。像素化特效值越高，越模糊，模糊多次后形成最右侧的效果图。

像素化特效也只能用"将像素化特效设定为 0"模块将造型恢复到原始状态。

图 7.23 像素化特效

5. 名称：将马赛克特效增加 25  。

功能：如图 7.24 所示，马赛克特效每增加 25，造型缩小一些，用阵列的形式拼贴在一起，特效增加越多，造型越小，数量越多。

马赛克特效也只能通过"将马赛克特效设定为 0"模块将造型恢复到初始状态。

图 7.24 马赛克特效

6. 名称：将亮度特效增加 25  。

功能：如图 7.25 所示，每执行一次，亮度增加一些，图像变亮。增加 4 次，亮度值达到 100 时，图像全白，与白纸一样，什么也看不见。执行"将图像亮度设定为 0"模块，可将造型恢复到初始状态。

图 7.25  亮度增加特效

7. 名称：将虚像特效增加 25 。

功能：如图 7.26 所示，虚像特效每增加 25，图像的透明度增加一些，虚像特效增加到 100 时，图像全透明，只剩下背景。执行"将虚像特效设定为 0"模块，可将造型恢复到初始状态。

图 7.26  虚像特效

亮度特效与虚像特效的区别如图 7.27 所示。

| 虚像值：0 | 虚像值：50 | 虚像值：100 | 亮度值：0 | 亮度值：50 | 亮度值：100 |

图 7.27  亮度特效与虚像特效的区别

## 7.4  创新应用：我的图像特效器

如图 7.28 所示，将所有的图像特效做到一个项目中，点击相应的箭头，相应项目的值会发生变化，造型效果也立即发生变化。点击舞台中央的造型，可切换造型。点击 Reset 按钮，可重置所有的特效。

所有的角色如图 7.29 所示，为了准确区分各个角色的作用，角色的命名都用功能来命名，命名方法如图 7.30 所示。

图 7.28　我的图像特效器　　　　图 7.29　所有角色

图 7.30　修改角色名

### 7.4.1　分析项目

"我的图像特效器"分析如图 7.31 所示，角色 1 的脚本包含重置事件，作用是重置所有特效；"颜色+"事件的作用是增加颜色特效；"颜色−"事件的作用是将颜色特效增加 −25（减少 25）……"颜色+"脚本的作用：当角色被点击时，广播"颜色+"；"颜色−"脚本的作用：当角色被点击时，广播"颜色−"……扫图 7.31 所示的二维码，可看到"我的图像特效器"的在线百度脑图。

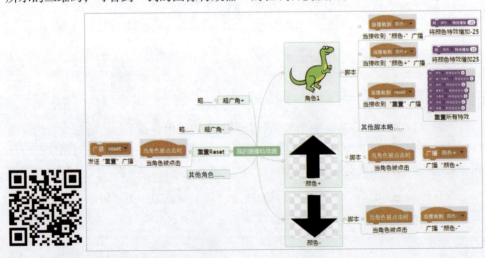

图 7.31　项目思维导图

思维导图可帮助大家快速分解任务，具体的执行流程仍然需要通过剧本设计表，进行详细的分析。"我的图像特效器"剧本设计表如表 7.3 所示。

表 7.3 "我的图像特效器"剧本设计表

| 角色 | 剧本设计 | Scratch 模块 |
| --- | --- | --- |
| 背景 | 无 | 无 |
| 恐龙 | 当角色被点击时，切换造型 | 当角色被点击时 / 下一个造型 |
| 亮度 + | 增加亮度 | 当接收到 亮度+ / 将 亮度 特效增加 25 |
| 亮度 - | 减少亮度 | 当接收到 亮度- / 将 亮度 特效增加 -25 |
| 其余略 | | |

### 7.4.2 制作舞台场景

**1. 设计背景**

从背景库中，打开如图 7.32 所示的舞台背景。

**2. 制作指示文字条**

在 Word 软件中，输入所有特效的文字条，如图 7.33 所示。再用截图软件将所有的文字截取成图片，导入到 Scratch 中，成为一个新角色，放置到舞台左下角。

图 7.32 舞台背景

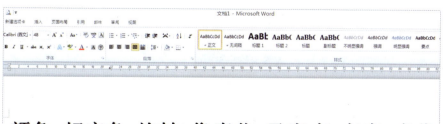

图 7.33 输入提示文字条

### 3. 绘制调节角色

如图 7.34 所示，点击"绘制新角色"按钮，切换到矢量图编辑模式，绘制出向上的箭头。用同样的方法，绘制出向下的箭头，可复制角色后，通过修改造型的方法完成。

图 7.34 绘制箭头

### 4. 设计重置脚本

重置也就是将所有的特效都清除，恢复到初始状态，如图 7.35 所示。

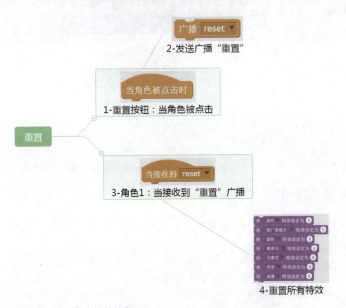

图 7.35 重置脚本思路分析

如图 7.36 所示，第一步：这一事件由"当角色被点击"开始；第二步：发送广播"重置"。广播的具体使用方法，详见后面章节。如新建消息"重置"所示，点击向下的箭头，选择下方的"新消息"项，新建一个消息，名称为"重置"，消息名称是自定义的，并不是发送"重置"消息，Scratch 就把所有特效重置了，而是要通过相应的功能块来完成。

图 7.36 新建消息"重置"

如图 7.37 所示，将 Scratch 图形特效全部设置为 0，等价于"清除所有图形特效"。

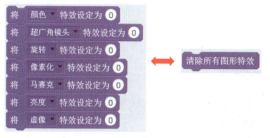

图 7.37　清除所有图形特效

5. 设计"颜色 +"脚本

当"颜色 +"脚本被点击——广播"颜色 +"，如图 7.38 所示。

图 7.38　广播颜色 +

6. 设计"颜色 −"脚本

当"颜色 −"脚本被点击——广播"颜色 −"，如图 7.39 所示。

图 7.39　广播颜色 −

7. 角色 1 执行"颜色 +"和"颜色 −"

角色 1 执行"颜色 +"动作，由用户按下"颜色 +"角色后，Scratch 系统发送广播"颜色 +"，角色 1 执行：当接收到"颜色 +"广播，将颜色特效增加 25。由此看来，角色 1 执行"颜色 +"事件，实际上由"颜色 +"角色被点击发起。

8. 其他角色的脚本略

## 7.5　角色的复制、删除、放大、缩小和功能块帮助

如图 7.40 所示，Scratch 软件中包含多个区域，有舞台、角色列表区、造型列表区、造型编辑区。

在 Scratch 的角色外观的控制中，还有角色大小和层次关系的控制模块。不论是采用哪种方式新建的角色，导入到 Scratch 舞台中后，都需要根据场景调整好角色的大小。如图 7.41 所示，这些按键可以在舞台上直接复制角色、删除角色、放大角色、缩小角色和查找功能块的帮助。

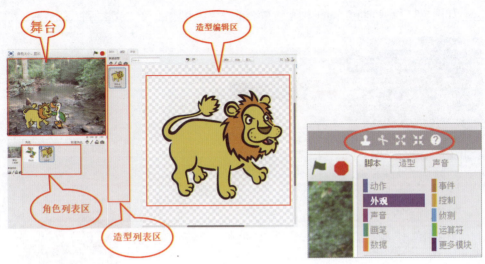

图 7.40　Scratch 中的窗口名称　　　　　　　　图 7.41　常用功能按钮

## 7.5.1　角色的复制

复制是很常见的操作，当有些角色的脚本相同但造型不同的时候，就可以用复制功能，复制一个角色后，修改造型即可。

名称：复制。

功能：复制角色、复制脚本模块、复制造型。

示例 1：复制角色（在舞台中复制）。

如图 7.42 所示，具体方法为点击"复制"按钮，移动鼠标指针到舞台中的角色上，点击鼠标，完成复制。

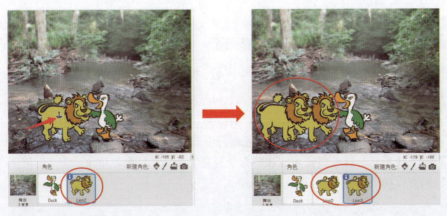

图 7.42　在舞台中复制角色

示例2：复制角色（在角色列表中复制）。

如图7.43所示，在角色列表中，也可以直接复制角色。具体操作方法：点击"复制"按钮，移动鼠标指针指向角色管理区中的角色，点击鼠标，完成复制。

图7.43　在角色列表中复制角色

示例3：复制脚本。

如图7.44所示，使用"复制"按钮还可以复制脚本模块。具体操作流程：切换到"脚本"选项卡，点击"复制"按钮，移动鼠标指针到复制对象上，点击鼠标，完成复制。

图7.44　复制脚本

示例4：复制造型（在造型列表中复制）。

如图7.45所示，使用"复制"按钮可在造型列表中复制造型。具体操作流程：切换到造型列表，点击"复制"按钮，移动鼠标指针到造型列表中的复制对象上，点击鼠标，复制完成。

示例5：复制造型（在造型编辑区中复制）。

如图7.46所示，"复制"按钮还可以在造型编辑区中复制造型。具体操作流程：切换到"造型"选项卡，点击"复制"按钮，将鼠标光标移动到造型编辑区中要复制的对象上，点击鼠标，复制完成。

图 7.45　在造型列表中复制造型

图 7.46　在造型编辑区中复制造型

示例 6：菜单法复制对象。

菜单在舞台窗口、角色列表区、造型列表区都可以使用，如图 7.47 至图 7.49 所示。

与"复制"按钮不同的是，菜单不能在造型编辑区中使用。

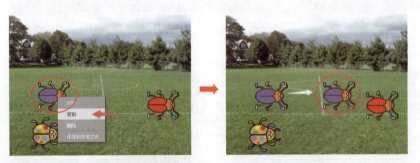

图 7.47　在舞台窗口中：使用菜单复制角色

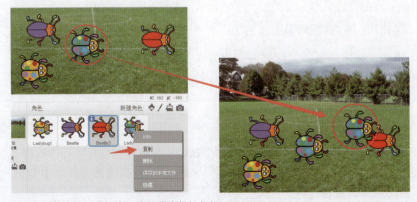

图 7.48　在角色列表区中：使用菜单复制角色

第 7 章　外观模块

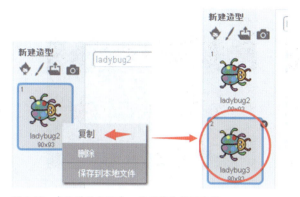

图 7.49　在造型列表区中：使用菜单复制造型

### 7.5.2　角色的删除

角色的删除常用于多个角色的快速删除，直接在舞台中点击要删除的对象即可完成删除。

名称：删除。

功能：删除对象，使用"删除"按钮可删除角色、删除造型和删除脚本模块。

示例 1：删除角色（在舞台窗口中）。

如图 7.50 所示，使用"删除"按钮可在舞台窗口中直接删除角色。

图 7.50　在舞台窗口中删除角色

对于舞台中有多个同样的角色，又分不清相应的名字时，这一方式特别方便。也可在舞台角色上右击鼠标，从弹出的菜单中选择"删除"选项，如图 7.51 所示。

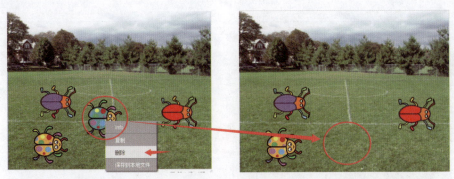

图 7.51 使用菜单删除角色

### 7.5.3 放大、缩小角色

1. 名称：放大 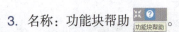。

功能：在舞台窗口中放大角色，如图 7.52 所示。点击"放大"按钮后，移动鼠标指针到舞台窗口中的相应角色上，再点击鼠标，可将角色放大一些。

2. 名称：缩小。

功能：与"放大"按钮相反。

图 7.52 放大角色

3. 名称：功能块帮助。

功能：如图 7.53 所示，点击"功能块帮助"按钮，再将指针移到需查找帮助的脚本模块上，右侧立即会出现相应模块的说明信息。

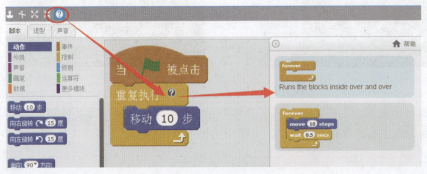

图 7.53 功能块帮助

4. 名称：将角色的大小增加 10 ![将角色的大小增加 10]。

功能：每执行一次，将角色的大小增加 10。根据场景需要，可以无限增大，功能与"放大"按钮相同。

5. 名称：将角色的大小设定为 100 ![将角色的大小设定为 100]。

功能：大小为 100，意思是变为角色原来的大小。通过脚本设定角色大小，便于量化，如图 7.54 所示。

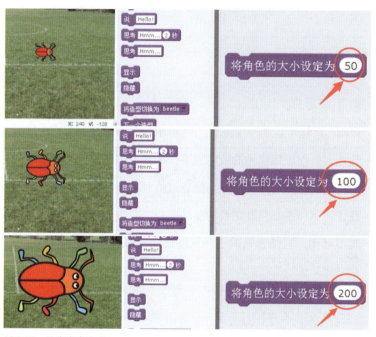

图 7.54 设定角色大小

# 第 8 章
## 程序流控制模块

本章学习要点：

1. 理解、掌握常见的程序流程：顺序结构、循环结构和分支结构。
2. 设计、制作顺序结构的数字故事：小狗回家。
3. 设计、制作重复结构的数字故事：哈利波特。
4. 设计、制作重复判断结构的互动游戏：打气球。
5. 通过对比，总结常见的三种程序流程的执行过程，结合实例，灵活选择程序流程方式。

如图 8.1 所示，程序执行是有一定顺序的。不论是什么编程语言，程序流大体上都分为顺序结构、循环结构、分支结构三种常见结构。

其中，顺序结构是按照模块顺序，依次执行每一个模块；循环结构

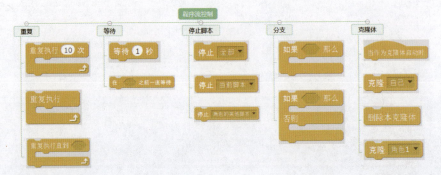

图 8.1 程序流控制

是按照一定的条件，满足条件，就一直重复执行循环体内的模块，直到条件不满足，才结束循环；分支结构，是指按照分支条件，当条件满足时，以"如果……那么……否则……"语句为例，将执行"那么"分支模块里的模块，如果不满足，执行"否则"里面的模块。

其实，不论是顺序结构、循环结构，还是分支结构，我们不能严格地说，某一段程序只用顺序结构来做，某一段程序只用循环结构来做。应根据任务需要，灵活、科学地选择程序流程控制方式，在多数情况下，一段程序是以多种流程控制方式并存的形式存在的。比如：主线流程是顺序结构，中间可能包括分支结构，也可能包括循环结构。也可能是循环中有分支，分支中有循环，顺序中有循环，顺序中有分支。不论是什么情况，根据任务需要，灵活、科学、恰当地选择程序流程控制方式才是上策。

## 8.1 顺序结构的数字故事：小狗回家

如图 8.2 所示，执行顺序结构的程序时，将按照从上到下的顺序，依次执行，直到执行完所有模块，本小节具体来讲述其制作过程。

图 8.2 顺序结构：小狗回家

### 8.1.1 分析剧本

如图 8.3 所示，小狗回家采用折线形路线前进。先将小狗移到初始位置 1，再缓慢移到位置 2，再移到位置 3，最后移到位置 4。

其中每移到一段，小狗变小一些，详细的剧本设计如表 8.1 所示。

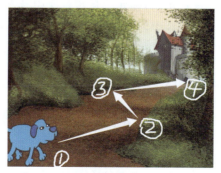

图 8.3 路线规划

表 8.1　"小狗回家"剧本设计表

| 角色 | 剧本设计 | Scratch 模块 |
|---|---|---|
| 背景 | 无 | 无 |
| 小狗 | 小狗显示出来，站立在 1 号位置 | 移到 x: -189 y: -113 / 将角色的大小设定为 100 / 显示 |
| | 说：回家了！—— | 说 回家了！—— 2 秒 |
| | 原地踏步开始 | 当接收到 消息1 / 重复执行 / 下一个造型 / 等待 0.3 秒 / 广播 消息1 |
| | 在 1 秒内移到 2 号位置 | 在 1 秒内滑行到 x: 51 y: -49 |
| | 缩小 20 | 将角色的大小增加 -20 |
| | 在 1 秒内移到 3 号位置 | 在 1 秒内滑行到 x: -1 y: 29 |
| | 缩小 20 | 将角色的大小增加 -20 |
| | 在 1 秒内移到 4 号位置 | 在 1 秒内滑行到 x: 183 y: 25 |
| | 缩小 20 | 将角色的大小增加 -20 |
| | 说：Bye！2 秒 | 说 Bye！2 秒 |
| | 隐藏 | 隐藏 |

### 8.1.2　导入角色

如图 8.4 所示，从角色库中导入小狗角色。小狗角色包含三个造型，方便制作移动动画。

### 8.1.3　导入背景

如图 8.5 所示，根据剧本需要，导入一张城堡背景图。

点击"从背景库中选择背景"按钮，打开背景库，点击左侧分类标签中的"主

图 8.4　小狗角色

题"列表,选择"古堡"标签,在右侧缩略图中,选择"castle3"背景即可完成。

图 8.5 导入背景

### 8.1.4 设计脚本

如图 8.6 中的红色箭头所示,程序执行流程从上往下依次执行,直到"广播'消息1'"处。然后,程序分成两条线同时进行:一是当接收到"消息1"时,小狗开始原地踏步;二是小狗开始按预定路线移动,并按照近大远小的原则,到达一个位置,缩小 20。

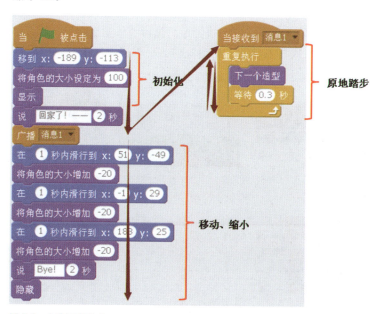

图 8.6 小狗回家脚本

## 8.2 重复结构

如图 8.7 所示,重复结构包括重复模块和重复体两部分,两部分缺一不可。如图 8.8 所示,Scratch 中的重复结构包括:重复执行 X 次、重复执行、重复执行直到 3 个重复模块。

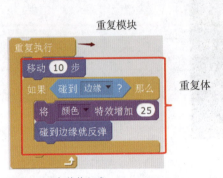

图 8.7 重复结构组成

图 8.8 重复结构

名称:重复执行 X 次。

功能:重复体执行指定的次数。

执行图 8.9 右侧所示的模块后,小车移到初始位置。执行"移动 100 步"后,小车移到图 8.10 的位置。执行图 8.11 中右侧所示的模块后,小车移动 300 步。

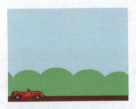

图 8.9 小车起点

图 8.10 小车移动 100 步

图 8.11 小车移动 300 步

## 8.3 重复结构的数字故事：哈利波特

如图 8.12 所示，哈利波特项目是制作巫师在竞技场中到处飞的动画，其思维导图如图 8.13 所示。

用手机的安全扫码功能，扫描图 8.13 中的二维码，即可打开此项目的百度脑图，根据脑图，可初步了解本项目。

图 8.12　哈利波特

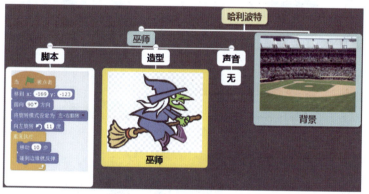

图 8.13　哈利波特项目的思维导图

这个项目的详细剧本设计如表 8.2 所示。

表 8.2　剧本设计表

| 角色 | 剧本设计 | Scratch 模块 |
| --- | --- | --- |
| 背景 | 无 | 无 |
| 巫师 | 移到初始位置 | 移到 x: -169 y: -123 |
| | 面向右方 | 面向 90▼ 方向 |
| | 向左旋转 30 度 | 向左旋转 ↺ 30 度 |

续表

| 角色 | 剧本设计 | Scratch 模块 |
|---|---|---|
| 巫师 | 一直朝前移动，碰到边缘后反弹。 | （重复执行：移动 10 步；碰到边缘就反弹） |

### 8.3.1 设计背景

从背景库中选择体育馆场景，如图 8.14 所示，将背景放入舞台正中间。

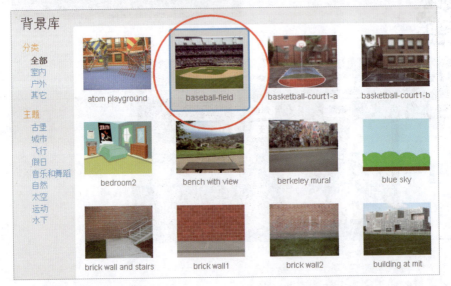

图 8.14 从背景库中选择背景

### 8.3.2 导入角色

如图 8.15 所示，选择角色管理区中的"从角色库中选取角色"功能按钮，打开角色库。

从打开的角色库中，选择左侧的分类标签：人物，角色预览区将筛选出所有的人物角色。找到骑着扫把的巫师角色，点击"确定"按钮，将巫师角色导入 Scratch 中，如图 8.16 所示。

图 8.15 点击"从角色库中选取角色"按钮

# 第8章 程序流控制模块

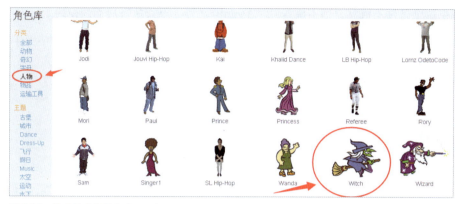

图8.16 将巫师角色导入Scratch

## 8.3.3 设计脚本

### 1. 初始化脚本

巫师的初始化动作具体包括：移动到舞台左下角、面向右、设置旋转模式为左右翻转和向左旋转30度。详细脚本如图8.17所示。

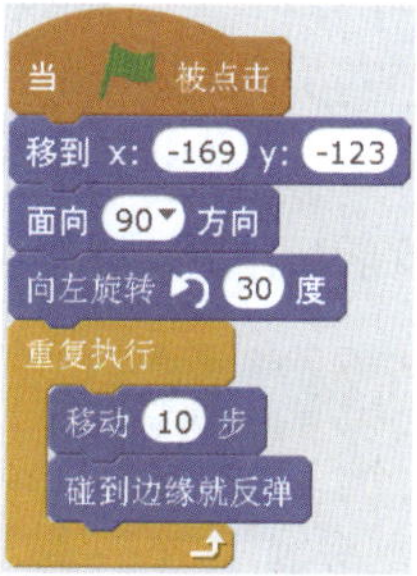

### 2. 向前移动和反弹

初始化完成后，巫师就做好了飞行准备。接下来的飞行，需要重复执行下去，所以采用重复模块，一直重复执行移动10步，并不断检测：如果碰到边缘就反弹。

图8.17 巫师脚本

## 8.3.4 调试脚本

脚本设计好后，就可以点击绿旗运行所有程序了。

## 8.4 分支结构：单个条件判断

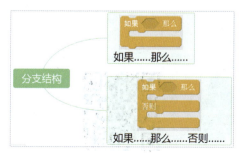

图8.18 分支结构

如图8.18所示，Scratch中的分支结构包括"如果……那么……"和"如果……那么……否则……"。"如果……那么……"指如果<条件满足>，执行"那么"后面的语句。

如图8.19所示，菱形部分是条件"角色大小>200"，如果满足"角色的大小大于200"这个条件，那么说"Boom!" 2

秒。如果这个条件不成立，则不执行说"Boom!" 2 秒，继续执行后面的模块。

如图 8.20 所示，绿色菱形部分是条件"回答>55"，如果键盘输入的数字大于 55，条件满足，角色说"大了"；否则，角色说"小了"。这里，排除了输入 55，也就是等于 55 时的情况。

图 8.19　如果……那么……　　　　　图 8.20　如果……那么……否则……

## 8.5 多个判断条件

当有多个条件需要判断时，第一种方式，需要在"如果……那么……"模块里加入第二个"如果……那么……"模块，甚至更多。如图 8.21 所示，如果输入的数字大于 0，并且小于 100，就说"你输入的数字在 0~100 之间"。

多个判断条件的第二种解决方法是使用"逻辑与"模块，如图 8.22 所示，运算符的使用方法详见后面章节。

图 8.21　多个判断条件　　　　　图 8.22　"逻辑与"模块

## 8.6 重复判断结构的互动游戏：打气球

"打气球"项目的运行界面如图 8.23 所示，左边是打气球开始前的画面，右边是气球爆了的画面。

打气球开始前　　　　　气球爆了

图 8.23　"打气球"项目

运行程序后，气球的外观和大小都恢复到正常状态，等待用户按下空格键。用户每按下一次空格键，气球增大 10，直到大到 330。经测试，大小为 330 时，几乎铺满舞台，大于 330 后，气球破裂。

如图 8.24 所示，气球需两个造型，一个是未爆的造型，另一个是爆了的造型。

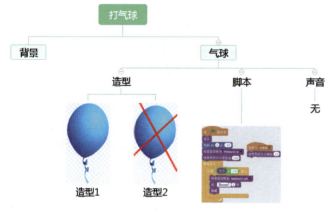

图 8.24　"打气球"项目的思维导图

详细剧本设计表如表 8.3 所示。

表 8.3　"打气球"项目的剧本设计表

| 角色 | 剧本设计 | Scratch 模块 |
|---|---|---|
| 背景 | 无 | 无 |
| 气球 | 显示出来 | 显示 |
| | 移动到初始位置 | 移到 x: 0 y: -57 |
| | 切换为正常时的气球造型 | 将造型切换为 balloon1-a |
| | 指定气球的初始大小 | 将角色的大小设定为 100 |
| | 按下空格键时，气球变大 10 | 当按下 空格键，将角色的大小增加 10 |
| | 如果气球大到一定程度就爆炸（通过切换造型来实现） | 如果 大小 > 330 那么 将造型切换为 balloon1-a4 |

"打气球"项目的程序刚开始运行时，需要先将气球显示出来，并移动到指定的位置。造型设定为正常气球的造型，并将角色大小设定为指定的大小，详细脚本如图 8.25 所示。

点击绿旗后,气球角色需进行一番初始化,包括显示出来,移到合适的位置,切换造型到未爆的气球,将大小恢复到原始状态。

打气球由空格键控制,按一次空格键,角色大小增加10,详细脚本如图8.26所示。

图 8.25 初始化脚本

图 8.26 增大角色

随着按下空格键次数的增加,气球角色不断变大。需要不断地检测角色的大小,如果角色大小大于330,气球爆炸:将造型切换到造型2,说"Boom!"2秒,随后隐藏,脚本如图8.27所示。

图 8.27 检测角色大小

# 第 9 章 声音模块

**本章学习要点：**

1. 掌握从声音库选择声音的方法。
2. 掌握从本地文件中上传声音的方法。
3. 掌握录制声音的方法。
4. 理解控制鼓声节拍的方法。
5. 理解用脚本弹奏音符的方法。
6. 通过对比，了解 21 种乐器的音色。

一个优秀的互动作品肯定少不了声音的渲染。在 Scratch 2.0 中可直接导入 mp3 格式的音乐。在声音模块里还有演奏音符、弹奏鼓声等功能，配合节奏和音量的控制，可方便大家创作音乐。最方便的是，还可模拟多达 21 种乐器，有了 Scratch，你就有了一个庞大的乐队。

## 9.1 播放控制

如图 9.1 所示，在常见的音频、视频播放器界面中，都包括播放、停止、音量增加和音量减小等常见操作。在 Scratch 脚本中，声音部分的控制模块也是这样的。

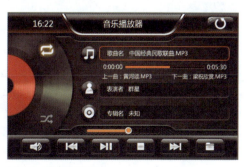

图 9.1 播放器界面

1. 名称：播放声音 播放声音 喵 。

功能：播放指定声音。

如图9.2所示，Scratch中声音的来源有5种途径。详细的新建声音方法，请参见4.7节。

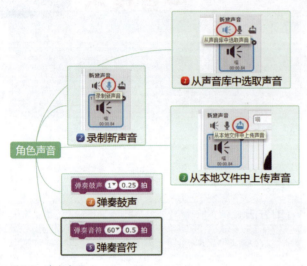

图9.2　声音来源

如图9.3所示，声音脚本中控制的声音对象，全来自于角色的"声音"选项卡中存在的声音。不论是从声音库中选取声音、从本地文件中上传声音，还是录制新声音，完成后，都会将它们添加到播放列表中。

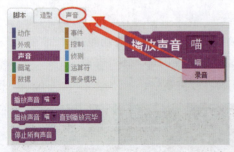

图9.3　声音播放对象

2. 名称：播放声音直到播放完毕 播放声音 喵 直到播放完毕 。

功能：如图9.4所示，执行左图中的脚本时，播放声音"喵"和滑行动作将同时进行；执行右图中的脚本时，播放声音"喵"完毕后，小猫才开始滑行。

播放声音　　　　　　　播放声音直到播放完毕

图 9.4　两种播放声音方式的对比

3. 名称：停止所有声音 停止所有声音 。

功能：停止所有声音，包括新建的所有声音和正在弹奏的鼓声、正在弹奏的音符。

4. 名称：音量减少 将音量增加 -10 。

功能：将音量减少 10。

5. 名称：将音量设定为 100 将音量设定为 100 。

功能：将音量设定为 100，也就是恢复为原始声音的音量。

Scratch 本身不能放大音量，用各种方式新建的声音，最大音量是声音本身的音量，也就是"将音量设定为 100"后的音量。当然，当通过"将音量增加 -10"的方式减小后，是可以通过"将音量增加 X"的方式增加音量的，但最大音量不能超过声音本身的音量。

6. 名称：音量 音量 。

功能：读取音量值。

如图 9.5 所示，"音量"模块可侦测当前 Scratch 系统的音量，音量是数字，可采用说的方式显示出来。

图 9.5　引用音量值

## 9.2 弹奏鼓声和弹奏音符

如图 9.6 所示,有 18 种鼓,每种鼓声都各有特点。可一种一种地试听一下,再进行选择。鼓声只有长短之分,没有高低音之分。在音乐里,一分钟演奏多少拍,由节奏来控制。Scratch 中用图 9.7 所示的模块来控制每分钟演奏多少节奏。这里设定为 60bpm,意思是每分钟 60 拍,换句话说,就是每秒 1 拍。

1. 名称:停止 X 拍

功能:鼓声或音符声间隔 X 拍,什么声音都没有。

如图 9.8 所示,在 Scratch 的乐器列表中,有 21 种乐器,可模拟 21 种乐器的声音演奏音乐。模拟出来的声音,听得出是某乐器演奏的,但远不能与真的乐器相媲美。

图 9.6 鼓声列表

图 9.7 设定节奏快慢

图 9.8 乐器列表

2. 名称:弹奏音符 A,B 拍

功能:按指定拍数,弹奏指定音符。音符指弹奏的音高,拍数指弹奏时间的长短。可直接在弹出的键盘图中选择相应的音符,也可直接输入数字,弹奏指定的音符。

## 9.3 制作 Scratch 音乐

作曲,可能是你一直的梦想,可作好曲后,试听效果,却难倒了很多人。没有乐队来协同创作,也不容易找到合适的乐手一起创作,专业的作曲软件门槛又很高……诸多因素,断送了很多人的音乐创作梦想。Scratch 脚本中的声音部分,可以轻松完成多声部、多乐器的音乐作品创作。

如图 9.8 所示，Scratch 可模拟多达 21 种乐器的音色。在程序开始前，通过"设定乐器为"模块，设定该段音乐用哪种音色演奏。Scratch 模拟的乐器如表 9.1 所示。

表 9.1 乐器汇总表

| 序号 | 名称 | 图片 |
| --- | --- | --- |
| 1 | 钢琴 |  |
| 2 | 电子琴 |  |
| 3 | 风琴 |  |
| 4 | 吉他 |  |
| 5 | 电吉他 |  |
| 6 | 低音 | 合成低音 |
| 7 | 拨奏乐器，如中阮 |  |

续表

| 序号 | 名称 | 图片 |
|---|---|---|
| 8 | 大提琴 | |
| 9 | 长号 | |
| 10 | 单簧管 | |
| 11 | 萨克斯管 | |
| 12 | 长笛 | |
| 13 | 木笛 | |
| 14 | 低音管 | |
| 15 | 人声合唱 | |

续表

| 序号 | 名称 | 图片 |
|---|---|---|
| 16 | 抖音琴 |  |
| 17 | 音乐盒 |  |
| 18 | 钢鼓 |  |
| 19 | 立奏木琴 |  |
| 20 | 合成领奏 | 略 |
| 21 | 合成长音 | 略 |

如图 9.9 所示，多声部的实现原理是使用 Scratch 的发送广播、接收广播功能。演奏开始时，由主程序发出开始广播，每个声部，由一个"当接收到'开始演奏'"广播模块开始，有几个声部，就制作几个"当接收到'开始演奏'"广播模块。

图 9.9 多声部实现方法

### 9.3.1 演奏音符

在音乐理论中，C 调的 1234567 中，3 和 4 之间相差一个半音，7 和 8 之间相差一个半音，其余的两个相邻音符之间都相差一个全音。在 Scratch 的弹奏音符模块中，下拉列表中只有两个八度音程，可直接用鼠标点击相应键盘按键，让程序弹奏指定音符。也可以按照音高值规律，直接输入音高值，让程序弹奏指定音符，如表9.2所示。

表9.2 音高、唱名对照表

| 简谱 | … | 低音 | | | | | | | 中音 | | | | | | | 高音 | | | | | | | … |
|---|---|---|---|---|---|---|---|---|---|---|---|---|---|---|---|---|---|---|---|---|---|---|---|
| | | 1 | 2 | 3 | 4 | 5 | 6 | 7 | 1 | 2 | 3 | 4 | 5 | 6 | 7 | 1 | 2 | 3 | 4 | 5 | 6 | 7 | |
| 音高值 | … | 48 | 50 | 52 | 53 | 55 | 57 | 59 | 60 | 62 | 64 | 65 | 67 | 69 | 71 | 72 | 74 | 76 | 77 | 79 | 81 | 83 | … |

### 9.3.2 演奏伴奏

伴奏需根据具体曲目选择，如《生日快乐》歌是3/4拍的音乐，意思是以四分音符为一拍，每小节三拍，一般这类音乐配"强弱弱"的伴奏音型即可，如表9.3所示。

表9.3 常见伴奏选择表

| 类型 | 2/4 拍 | 3/4 拍 | 4/4 拍 | 6/8 拍 |
|---|---|---|---|---|
| 鼓声示例 | 弹奏鼓声 2 1 拍<br>弹奏鼓声 1 1 拍 | 弹奏鼓声 2 1 拍<br>弹奏鼓声 1 1 拍<br>弹奏鼓声 1 1 拍 | 弹奏鼓声 2 1 拍<br>弹奏鼓声 1 1 拍<br>弹奏鼓声 6 1 拍<br>弹奏鼓声 1 1 拍 | 弹奏鼓声 2 1 拍<br>弹奏鼓声 1 1 拍<br>弹奏鼓声 1 1 拍<br>弹奏鼓声 6 1 拍<br>弹奏鼓声 1 1 拍<br>弹奏鼓声 1 1 拍 |

### 9.3.3 节拍

节拍表示一个音符弹奏时间的长短，相关知识请参阅音乐基础知识，这里只进行简要介绍。如表9.4所示，音符不带下画线，弹奏1拍；带下画线，弹奏0.5拍；音符后带减号，表示延长1拍，加上音符本身1拍，"5-"实际需弹奏2拍。

表9.4 节拍常识表

| 简谱举例 | 拍数 |
|---|---|
| 1 | 1 拍 |
| 5 | 1 拍 |
| 6 | 0.5 拍 |
| 5- | 2 拍 |

## 9.4 制作《生日快乐》歌

从图 9.10 中可看出,《生日快乐》歌共 4 句,速度为每分钟 100 拍,F 大调,这里为了简单起见,改作 C 调演奏。

制作《生日快乐》歌项目,设计好项目背景、角色、造型等,如图 9.11 所示。

图 9.10 《生日快乐》歌简谱

图 9.11 单乐器演奏《生日快乐》歌

### 9.4.1 单乐器演奏《生日快乐》歌

#### 1. 设计背景

从背景库中选择适当的背景,如图 9.12 所示。

#### 2. 设计角色

从角色库中选择适当的角色,如图 9.13 所示。

图 9.12 舞台背景

图 9.13 选择角色

### 3. 设计脚本（初始化）

音乐项目的初始化，需设定音量，具体设置方法详见前面的章节；需设定节奏，《生日快乐》歌的节奏为每分钟100拍，单位bpm的意思是每分钟的节拍数；需设定乐器，这里选择第一种乐器，钢琴。

### 4. 设计脚本（弹奏音符）

根据图9.10所示的简谱，参照表9.2和表9.4所示的高音值和节拍常识，每一小节每一小节地逐一拖入"弹奏音符"模块，准确输入音高对应的数值和节拍。

### 5. 试听

根据需要，可适当地在前面加入一些提示性的语言，如说"下面，我为大家演奏《生日快乐》歌"等，点击绿旗，试听一下音乐。

## 9.4.2 加鼓点、单乐器演奏《生日快乐》歌

由图9.10可知，《生日快乐》歌是一首3/4拍节奏的歌曲，意思是以四分音符为一拍，每小节三拍。3/4拍节奏的歌曲，每小节伴奏音型为强弱弱。根据这些知识，选择适当的鼓声，组成"强弱弱"的伴奏音型。本项目的思维导图如图9.14所示。

图9.14 加鼓点、单乐器演奏《生日快乐》歌

Scratch不但有21种乐器，还有鼓声，可模拟的鼓声详情如表9.5所示。

表9.5 鼓声汇总表

| 序号 | 名称 | 图片 | 序号 | 名称 | 图片 |
|---|---|---|---|---|---|
| 1 | 小军鼓 |  | 10 | 木块 |  |
| 2 | 低音鼓 |  | 11 | 牛铃 |  |

续表

| 序号 | 名称 | 图片 | 序号 | 名称 | 图片 |
|---|---|---|---|---|---|
| 3 | 鼓边敲击 |  | 12 | 三角形 |  |
| 4 | 击钹 |  | 13 | 小手鼓 |  |
| 5 | 开放双面钹 |  | 14 | 康加鼓 |  |
| 6 | 闭合双面钹 |  | 15 | 抓筒 |  |
| 7 | 铃鼓 |  | 16 | 锯琴 |  |
| 8 | 拍掌 | 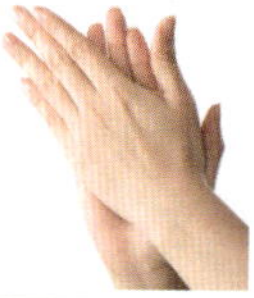 | 17 | 颤击 | 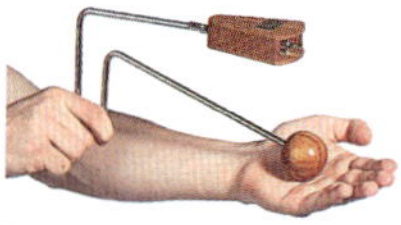 |
| 9 | 古钢琴 |  | 18 | 库加鼓-开音 |  |

  这里，我们选择最常用的伴奏类型，如图9.15所示，分别是弹奏低音鼓一拍，两次弹奏小军鼓一拍，这样，弹奏出"强弱弱"的节奏。

  由图9.10可知，《生日快乐》歌是一首弱起一拍的音乐，意思是说，歌曲第一拍是弱拍，单独成为一小节。在设计脚本时，如图9.16所示，先弹奏弱起的两个音符，再广播"开始演奏"，之后程序分为两条线同时进行，一条线是继续弹奏主旋律，另一条线是右侧的，由"当接收到'开始演奏'"开始的伴奏鼓声。主旋律除弱起的第一小节外，还有八小节，所以伴奏鼓声部分重复八次。

图9.15  3/4 伴奏音形

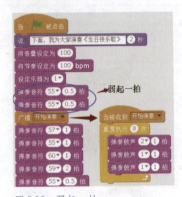

图9.16  弱起一拍

### 9.4.3  多乐器轮换演奏《生日快乐》歌

多乐器轮换，也就是从第一种乐器开始，每种乐器演奏一遍。一种乐器演奏完成后立即换乐器演奏，直到21种乐器依次演奏完。如图9.17所示，在单乐器演奏的基础上，通过变量的方式，实现乐器逐一轮换。变量的使用详见后面章节。

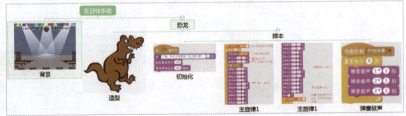

图9.17  多乐器轮换设计图

#### 1. 新建变量"乐器序号"

变量是一个可以变化的数字，变化由程序模块控制，如图9.18所示。切换到"脚本"选项卡中的"数据"项，从下面的功能模块中，点击"新建变量"按钮，在弹出的对话框中，输入变量名：乐器序号。变量名是使用者自定义的，汉字、英文、数字均可，便于识别变量作用即可。

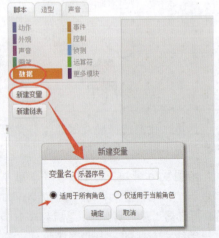

图9.18  新建"乐器序号"变量

## 2. 初始化变量

变量是一个可以变化的数字，在很多地方都可以直接引用，如说"……"、各类运算等，在引用它之前，一般需要为变量赋一个初始值。

名称：设定变量值。

功能：设定变量"乐器序号"为1。

如图9.19所示，在Scratch项目中，没有一个变量或链表时，与变量和链表相关的功能模块都没有出现。

如图9.20所示，新建变量"乐器序号"后，变量区域中出现了设定变量值、变量值增加、显示变量、隐藏变量等功能模块。

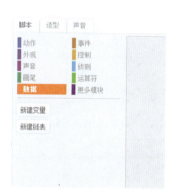

图9.19　没有变量

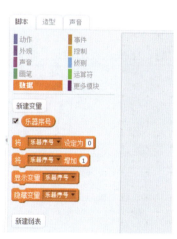

图9.20　新建变量"乐器序号"

## 3. 设计脚本

详细脚本设计如图9.21所示，设定好初始值后，进入"重复执行'21'次"，因为有21种乐器，所以重复执行21次，每一次用一种乐器演奏一遍。重复开始的第一个模块，就是设定乐器。设定乐器中的"乐器序号"，就是之前设定的变量，此时它已经有了初始值1，那么，此时执行"设定乐器为'乐器序号'"，就相当于执行"设定乐器为1"，因为之前将乐器变量的值设定为1了。

如图9.22所示，用弹奏"乐器序号"为1，也就是钢琴，弹奏一遍《生日快乐》歌后，乐器声音暂停一拍，执行"将'乐器序号'增加'1'"模块，变量"乐器序号"增加1，程序流返回到图9.21中的"设定乐器为'乐器序号'"模块。此时变量"乐器序号"变成2了（因为刚才增加了1），执行"设定乐器为'乐器序号'"，也就相当于执行"设定乐器为 2 的电子琴"。

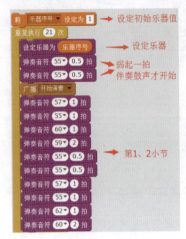

图 9.21 轮流弹奏第一部分

图 9.22 轮流弹奏第二部分

如此重复执行 21 次，以实现每一次轮换乐器演奏。

# 第 10 章
# 画笔模块

本章学习要点：

1. 理解 Scratch 画图是用脚本控制角色移动来完成的，与直接用鼠标在画图软件中画图不同。

2. 理解 Scratch 中画笔大小、颜色、形状都是由脚本控制的。

3. 理解、掌握清空、抬笔、落笔和图章的作用和用法。

4. 掌握画笔的颜色、色泽、大小等属性控制。

5. 通过"绘制正多边形"实例，理解、掌握 Scratch 绘图的整个过程。在设计不同正多边形旋转角度的过程中，体会运用数学知识解决实际问题。

6. 通过"创新应用：绘制风车"，体验程序绘图的便利。结合实例理解循环结构，体验用自动化机器人来完成简单重复性劳动，提升人类的智能化水平。

7. 通过"创新应用：铺地砖"，体验用 Scratch 完成创意设计的优势，进一步体会用程序绘图。结合实例理解循环结构，理解平面坐标体系在 Scratch 项目设计中的应用。

在 Scratch 中，是通过脚本来控制角色移动的。如同写字一样，在移动过程中，如果将笔放在纸上再移动，就可以在纸面上留下笔迹。抬起笔移动，就不会留下笔迹。这样，结合移动模块，就可以用脚本来绘制图形了。画笔的动作如图 10.1 所示。

Scratch 中的画笔是一种特殊功能，在舞台上并不会显示出来。

## 10.1 画笔动作控制

如图 10.1 所示,画笔动作模块包括清空、抬笔、落笔和图章,这些功能都是处理与画笔相关的操作。所有的画笔动作都是通过脚本来控制的,并随着程序的执行,完成特定的效果。

图 10.1 画笔动作

**1. 名称:清空。**

功能:清除舞台上所有的画笔笔迹,包括画笔和图章留下的笔迹。

示例:如图 10.2 所示,用其他脚本绘制好红色的正方形和小猫图章后,再执行"清空"命令,将清除在舞台上留下的所有笔迹,如图 10.3 所示。角色本身不会被清除,角色本身可被隐藏或显示,这通过外观脚本里的"显示"和"隐藏"模块来实现。

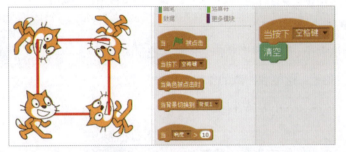

图 10.2 绘制正方形和图章

图 10.3 清空

**2. 名称:抬笔。**

功能:将 Scratch 笔头抬起来(笔头是虚拟的,舞台上没有任何显示),之后再移动,舞台上不会留下笔迹。

示例：如图10.4所示，执行"抬笔"命令后，角色移动时，不会留下笔迹。

3. 名称：落笔。

功能：将笔头放下去，之后再移动，舞台上将留下笔迹。

图10.4 抬笔移动

示例：如图10.5所示，执行"落笔"命令后，再移动角色，将在舞台上留下移动痕迹。这里的画笔大小是通过"将画笔大小设定为"模块设定的，画笔颜色是通过"将画笔颜色设定为"模块设定的。这些功能将在10.2节详细进行介绍。

图10.5 落笔移动

4. 名称：图章。

功能：在当前位置印下与角色外形完全一样的图案，形状和颜色都一样。

示例：如图10.6所示，程序执行时，先清空舞台上的所有笔迹，再放下笔头，执行"移动150步"、"向左旋转90度"命令后，绘制出正方形的一条边。再执行"图章"命令，绘制一个小猫图案……如此

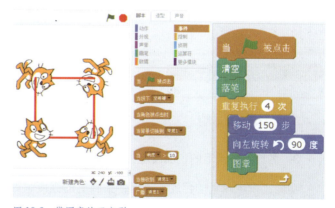

图10.6 带图章的正方形

重复4次，最终形成带图章的正方形的效果。

## 10.2 画笔颜色、色泽、大小

Scratch 中的画笔有粗细、颜色等属性，如果脚本中没有设置，Scratch 将用蓝色的细线绘制。

1. 名称：将画笔的颜色设定为 将画笔的颜色设定为 ■ 。

功能：设定画笔的颜色。与其他画图软件不同的是，Scratch 中的画笔颜色设定，没有打开的调色板供选择。点击色块后，鼠标变成小手形状，移动鼠标指针到屏幕任意位置的目标颜色处，点击鼠标左键，即完成屏幕取色。屏幕取色只能在 Scratch 软件窗口范围内进行。

2. 名称：设定画笔颜色 将画笔的颜色设定为 0 。

功能：用数字的方式设定颜色。

示例：测试 Scratch 中画笔颜色的变化范围。

如图 10.7 所示，先将画笔颜色设定为 0，移动 10 步，绘制出一段红色线条，画笔颜色增加 5；重复，用新的画笔颜色值（此时已经由 0 变成 5 了），再移动 10 步，再绘制出一段淡红色，画笔颜色再增加 5……重复 41 次后，发现画笔颜色重新回到开始的红色。其脚本如图 10.8 所示。

图 10.7　画笔颜色变化范围　　　　　　图 10.8　测试画笔颜色变化规律的脚本

3. 名称：将画笔的色度设定为 50 将画笔的色度设定为 50 。

功能：设定画笔的色度。色度，指画笔的亮度，如图 10.9 所示。色度为 0 时，画笔最暗，每增加 10，画笔变亮一些，直到增加为 100，画笔几乎变成白色。100 以后继续增加的话，画笔将逐渐变暗。一般情况下，如图 10.10 所示，记住 0 为最暗，100 为最亮就行了。

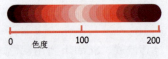　　

图 10.9　色度变化规律　　　　　　图 10.10　常用色度范围

4. 名称：将画笔的色泽度增加 10 `将画笔的色泽度增加 10`。

   功能：增加画笔的色泽度。

   示例：如图 10.11 所示，先清空之前的画笔笔迹，隐藏角色本身。初始化画笔的颜色、大小、色度和位置，接下来，落笔，绘制一段，色泽度增加 10，重复 10 次，绘制出常用色度范围的效果。

5. 名称：设定画笔大小 `将画笔的大小设定为 1`。

   功能：设定画笔的大小，如图 10.12 所示，画笔大小决定笔迹的粗细。

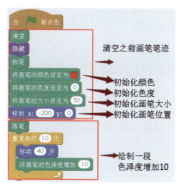

图 10.11　测试色泽度脚本

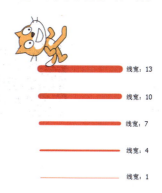

图 10.12　画笔大小

6. 名称：将画笔大小增加 1 `将画笔大小增加 1`。

   功能：增加画笔大小。运行效果如图 10.13 所示，每绘制一段，画笔增加 5，共绘制 10 段。详细脚本如图 10.14 所示。

图 10.13　逐渐增大画笔

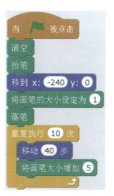

图 10.14　逐渐增大画笔的脚本

## 10.3 实例：绘制正多边形

小猫除了可以到世界各地旅行之外，数学功底还相当高呢。让我们来见识一下吧！先给大家画一个标准的正方形。

### 10.3.1 任务：绘制正方形

点击绿旗后，小猫清除画布，从舞台中央开始，绘制一个边长为100步的正方形，绘制效果如图10.15所示，手机扫描二维码可观看运行效果的视频。

图10.15 绘制正方形

### 10.3.2 思维向导

程序流程图如图10.16所示。点击绿旗后，先清除舞台上之前留下的绘制痕迹，得到一张干净、整洁的画纸。并将画笔抬起来，移到舞台的中央，在舞台中央放下画笔，准备开始绘画。按正方形的特征（四条边都长100步，每个角都是90度），绘制出边长为100步的正方形，最后抬起画笔，绘制结束。

图10.16 程序流程图

### 10.3.3 试一试

本小节详细介绍绘制正多边形的过程。

1. 设置舞台

新建一个Scratch项目，背景是白色的，如图10.17所示。

2. 设计角色

画正方形，展示小猫的数学功底，选择默认的小猫角色，如图10.18所示。

3. 编写脚本

从"脚本"选项卡的"事件"项中，将"当绿旗被点击"拖入到脚本编辑区，这段程序在点击绿旗后开始执行，如图10.19所示。

第 10 章　画笔模块

图 10.17　新建 Scratch 项目

图 10.18　选择角色

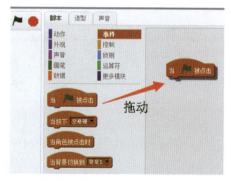

图 10.19　当绿旗被点击

　　从"画笔"项中，拖入"清空"模块。画图需要一张整洁的画纸（舞台），先用"清空"命令清除之前舞台上留下的痕迹，如图 10.20 所示。

　　拖入"抬笔"模块，将画笔抬起来，以确保将角色移动到舞台中心时，不会画出痕迹，如图 10.21 所示。

　　从"脚本"选项卡的"动作"项中，拖入"移到 x: y:"模块。从舞台中心开始画，将角色移动到舞台中心，坐标为（0，0），如图10.22所示。

图10.20 清空

图10.21 抬笔

图10.22 移动

拖入"落笔"模块，把画笔放在舞台上，之后移动角色，将在舞台上留下移动痕迹，如图10.23所示。

从"动作"项中拖入"移动100步"、"向左旋转90度"，完成正方形第一条边的绘制，共拖入4个"移动100步"、"向左旋转90度"，完成4条边的绘制。完整脚本如图10.24所示。

图10.23 落笔

图10.24 完整脚本

具体执行效果是这样的：

画图前，如图10.25所示。

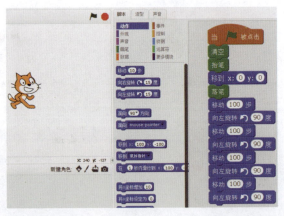
图10.25 画图前

画第一条边，如图10.26所示。

如图10.27所示，小猫向舞台上方移动，完成第二条边的绘制。

图 10.26 画第一条边

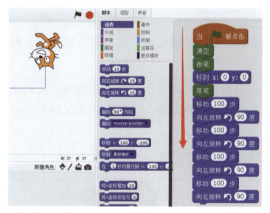

图 10.27 画第二条边

如图 10.28 所示,小猫向左移动,完成第三条边的绘制。

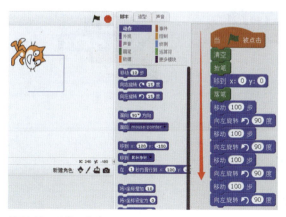

图 10.28 画第三条边

画第四条边，如图 10.29 所示。

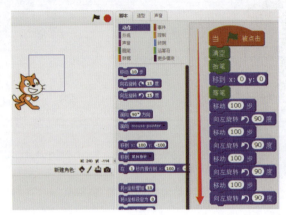

图 10.29　画第四条边

以上的执行过程，在实际测试时，不到 1 秒就可执行完，几乎看不清具体绘制每一条边的过程。

从画图过程可以看出，画每一条边的脚本完全相同，像这样完全相同的代码重复执行了 4 次，可用重复脚本。重复的内容称为"重复体"，执行完重复体后，将继续执行后面的脚本，如图 10.30 所示。

画图结束，抬起画笔，如图 10.31 所示。

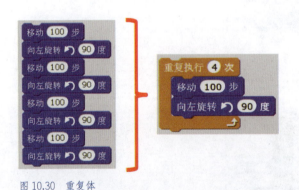

图 10.30　重复体

图 10.31　抬笔

### 10.3.4　脚本详解

下面详细介绍一下各模块的含义。

1. 名称：当绿旗被点击。

功能：此模块之下的程序，在点击绿旗后开始运行，如图 10.32 所示。

2. 名称：清空。

功能：清除舞台中所有画笔痕迹，如图 10.33 所示。

图 10.32　当绿旗被点击

图 10.33　"清空"模块

3. 名称：图章。

功能：在角色当前所在的位置，印下与角色一样的图案，颜色为所设定的画笔颜色，如图 10.34 所示。

图 10.34　"图章"模块

4. 名称：落笔。

功能：画笔与舞台接触，此后移动角色将留下痕迹，如图 10.35 所示。

5. 名称：抬笔。

功能：画笔离开舞台，此后移动角色不会留下痕迹，如图 10.36 所示。

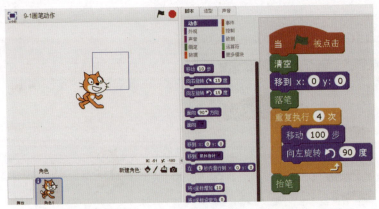

图 10.35 "落笔"模块

图 10.36 "抬笔"模块

6. 名称：重复。

功能：角色沿边长 100 步的正方形移动一次，通过重复执行 4 次"移动 100 步，向左旋转 90 度"完成，如图 10.37 所示。

图 10.37 "重复"模块

7. 名称：移到 移到 x: 0 y: 0 。

功能：将角色移动到指定的位置，如图 10.38 所示。

### 10.3.5 挑战自我

将画笔调粗一些，如图 10.39 所示，这样画出的正方形看起来更醒目。

图 10.38 "移动"模块

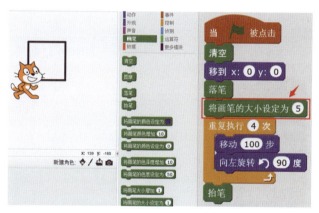

图 10.39 调粗画笔

如果想画大一点的正方形，可将边长由 100 步增加到 150 步，如图 10.40 所示。

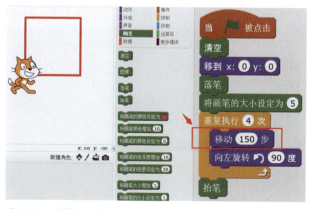

图 10.40 绘制边长为 150 步的正方形

如果想与众不同，画一个长方形，如图 10.41 所示。

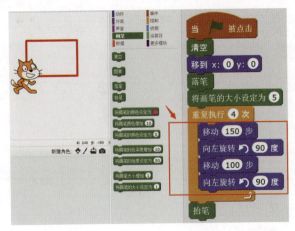

图 10.41 绘制长方形

如还想画一个正三角形,画完一条边后,向左旋转 120° 再继续画,如图 10.42 所示。

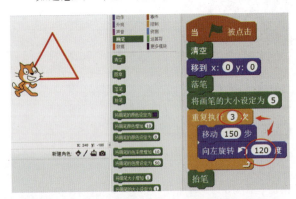

图 10.42 绘制正三角形

来一个蜜蜂窝吧,画正六边形,向左旋转 60° 就可以了,如图 10.43 所示。

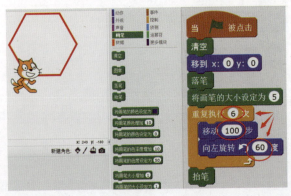

图 10.43 绘制正六边形

## 10.3.6 举一反三

**1. 绘制正五边形、正八边形、正十二边形**

正五边形　　　　　　　　正八边形　　　　　　　　正十二边形

（边长100步，外角72°）　　（边长100步，外角45°）　　（边长70步，外角30°）

**2. 连续绘制三个正三角形**

要绘制如图10.44所示的三个正三角形，可按下列步骤进行：绘制第一个三角形→抬笔→移动到第二个三角形的绘制起点→绘制第二个三角形→抬笔→移动到第三个三角形的绘制起点→绘制第三个三角形→抬笔。

图10.44　连续绘制三个正三角形

## 10.4 创新应用：绘制风车

风车项目是用脚本绘制一个风车图像。这是用程序绘图，而不是用鼠标绘图，绘制的效果如图10.45所示。

### 10.4.1 项目分析

如图10.45所示，在风车项目中，为便于理解，把角色的造型设定为绿色的箭头。这是一个综合绘图项目，可以分成4部分，每部分如图10.46所示，由一条红色的线段和蓝色的三角形组成。编程策略：绘制一片扇叶，向左旋转90°，这样重复执行4次。程序执行流程如图10.47所示。

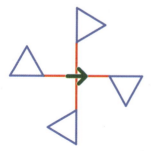 

图10.45　风车　　　　　　　　　　图10.46　风车的一片扇叶

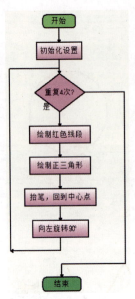

图 10.47　程序流程图

## 10.4.2　初始化设置

初始化是每一个项目实施的必要设置，包括角色是否显示、角色的位置、画笔大小、颜色、方向等，详细设置如表 10.1 所示。

表 10.1　初始化设置详解表

| 模块 | 设计意图 | 舞台效果 |
| --- | --- | --- |
| 清空 | 清除舞台上的所有笔迹 | 准备一张白纸 |
| 显示 | 将角色本身显示出来 | 拿出笔来，也可以隐藏起来 |
| 抬笔 | 抬起笔头，之后移动角色就不会留下笔迹了 | 为将角色移动到舞台中央做准备 |
| 移到 x: 0 y: 0 | 将角色移动到舞台中央 | 舞台中心点坐标为（0，0） |
| 面向 90 方向 | 将角色面向舞台右侧 | 先从右侧一片扇叶画起 |
| 将画笔的大小设定为 5 | 将画笔大小设定为 5 | 画笔粗一点 |

执行完模块初化设置后，舞台上没有任何笔迹，绘画还没开始。从项目分析中我们已经知道，风车由 4 片一样的扇叶组成，所以可以采用重复 4 次绘制一片扇叶的方式完成项目。

### 10.4.3 绘制一片扇叶

如图 10.48 所示，通过观察一片扇叶我们发现，可以先绘制一条 80 步长的红色线段，如图 10.49 所示。

图 10.48　一片扇叶

图 10.49　绘制一条线段

接下来，将画笔颜色设定为蓝色，绘制正三角形。正三角形的边长为 80 步，外角为 120°，可用循环模块完成，如图 10.50 所示。

如图 10.51 所示，在重复语句中可放置多个模块，执行一次重复时，这些模块都将执行一次，重复语句中的多个模块称为重复体。

图 10.50　绘制一片扇叶

图 10.51　重复体

这时候，貌似已完成一片扇叶的绘制了，其实不然。像这样，通过重复执行多次重复体完成整个项目绘制的作品，在绘制完后，角色需回到绘制原点。如图 10.52 所示，绘制完后的角色没有回到原点，执行图 10.52 右侧所示的脚本后，角色回到原点，如图 10.53 所示。注意，"移动 -80 步"前，需执行"抬笔"操作，不然后退时，将用蓝色的画笔覆盖住之前绘制的红色线段。执行"向左旋转 90 度"后，角色箭头面向舞台上方，为绘制下一片扇叶做好准备。

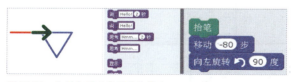

图 10.52　绘制完正三角形后的箭头

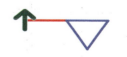

图 10.53　角色回到绘制原点

完整脚本如图 10.54 所示。

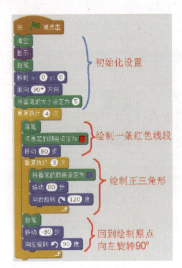

图 10.54 风车的完整脚本

## 10.5 创新应用：铺地砖

铺地砖，就是用角色的造型铺满整个舞台，做出新房装修铺地砖的效果，如图 10.55 所示。

### 10.5.1 项目分析

铺地砖由"图章"功能完成，似乎很简单，但难在控制角色让其按一定的路线移动，移动一段距离，"图章"一下，移动一段距离，"图章"一下，参考路线如图 10.56 所示，思维导图如图 10.57 所示。

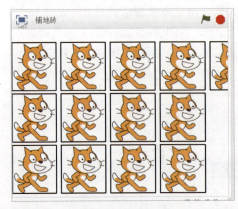

图 10.55 "铺地砖"项目的效果图

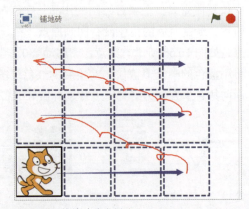

图 10.56 铺地砖路线图

图 10.57 "铺地砖"项目的思维导图

## 10.5.2 制作步骤

本小节详细介绍"铺地砖"项目的制作过程。

### 1. 设计背景

如图 10.58 所示,因为将要铺地砖,所以先清理地面,选择纯白色背景就可以。

### 2. 设计角色造型

选择小猫角色,点击角色的"造型"选项卡,打开造型编辑器,在小猫的四周绘制黑色的边线,表示地砖的边线。设计好的角色造型如图 10.59 所示。

图 10.58 "铺地砖"项目的背景

图 10.59 地砖造型

### 3. 思路分析

如图 10.56 所示,清除屏幕,将角色移动到左下角,一块一块地铺满第一行地砖。铺完一行后,跳转到第二行的最左边,一块一块地铺满第二行,铺完第二行后,再跳转到第三行左侧,继续一块一块地铺满第三行。

### 10.5.3 调试脚本

**1. 初始化脚本**

做任何项目都一样,在制作前,都需要进行一些初始化设置。"铺地砖"是一个绘图类项目,初始化设置应该包含清除屏幕、初始化位置等,详细脚本如图 10.60 所示。

图 10.60 "铺地砖"的初始化脚本

**2. 脚本分析**

"铺地砖"项目的详细脚本如表 10.2 所示。

表 10.2 详细脚本解析表

| 模块 | 功能 |
| --- | --- |
| 移到 x: -190 y: Y轴坐标 | 移动到左下角,在铺第一行的过程中,纵向的 Y 轴不会改变,但铺第二行时 Y 轴坐标值需增加,所以新建一个变量来存储 Y 轴坐标值 |
| 图章 / 移动 110 步 | "图章"一下,"铺"一张,再向前移动110步。这个110步是经过多次调试出来的,距离大了离得太远,距离小了后一张会遮住前一张 |
| 重复执行 4 次 / 图章 / 移动 110 步 | "铺"一张地砖的脚本重复执行 4 次,完成铺满第一行的效果 |
| 将 Y轴坐标 增加 110 | 将变量的 Y 轴坐标值增加110,为"铺"第二行地砖做准备 |
| 重复执行 3 次 / 移到 x: -190 y: Y轴坐标 / 重复执行 4 次 / 图章 / 移动 110 步 / 将 Y轴坐标 增加 110 | 重复以上脚本 3 次,即可完成"铺地砖" |

完成后的效果如图 10.61 所示。

图 10.61 "铺地砖"效果

# 第 11 章 数据模块

**本章学习要点：**

1. 理解常量、变量和链表的概念，初步理解什么是常量、变量和链表。

2. 掌握新建变量的方法和应用对象。掌握设定变量值、增加变量值、显示变量和隐藏变量的方法。

3. 掌握新建链表的方法和应用对象。掌握将记录添加到链表、删除链表中指定的记录、将记录插入链表、替换指定位置的记录、引用链表中指定序号的记录、统计链表的长度、在链表中查找记录、显示和隐藏链表等操作。

4. 通过"创新应用：倒计时5秒发射火箭"，初步理解变量的应用。

5. 通过"创新应用：恐龙宝宝练口算"，进一步理解变量在Scratch中的广泛应用，并体验在随机数项目中的应用。

6. 通过"创新应用：抽奖"，学习链表的运用，体会变量和链表的区别，结合随机数，认识公平性。

7. 通过"创新应用：测试按键速度"，学会用算法解决测试按键速度中需要记录的按键个数、时间等数据。学会用算法防止用户一直按住按键，导致高速输入字符这一漏洞。

一个优秀的互动项目，总会根据不同玩家，记录、生成一些具有个性化的数据，这就需要用数据模块来处理这些项目进行中所产生的数据，如生命值、成绩、倒计时等。正是有了数据模块，才使得Scratch的应用更加丰富多彩。

## 11.1 变量基础知识

Scratch 中的变量是 Scratch 的一项重要应用，常用来记录按键次数、项目运行次数等。变量是变化的数量的简称。这个量不是固定的，可通过脚本"将变量 XX 设定为……"或"将变量 XX 增加……"模块进行重新赋值，或通过运算的方式进行重新赋值。

如图 11.1 所示，第一次使用变量，变量部分没有一个功能模块，需新建变量或链表后，变量和链表的功能模块才会出现。

图 11.1 "脚本"选项卡的"数据"项

### 11.1.1 新建变量

图 11.2 新建变量

切换到"脚本"选项卡里的"数据"项，点击"新建变量"按钮，如图 11.2 所示。在打开的窗口中，输入变量名。变量名是随意取的，一般情况根据 Scratch 项目需要，取一个便于识别的变量名，如：按键次数、等待时间、子弹数量。

接下来是选择变量适用的对象，一是适用于所有角色，意思是所有角色都可以引用这一变量。如用来记录角色大小的变量"尺寸"，通过赋值语句给变量"尺寸"设定数值后，其他角色可通过"将角色大小设定为'尺寸'"的方式，统一所有角色的大小。之后需要改变角色大小时，只需改变变量"尺寸"的值，就可以重新设置全部角色的大小了。

二是仅适用于当前角色，意思是该变量只能用于当前选定的角色，其他角色不能引用这一变量。

在计算机编程语言中，常见的数据类型分为字符型、数值型、日期型等。Scratch 中的变量是字符型和数值型的合体，既可以存储字符，也可存储数值，通常用作数值型，用来记录变动的数量。

### 11.1.2 变量的基本操作

新建变量后，变量的基本操作部分才会出现，下面将详细介绍变量的基本操作。

1. 名称：将变量 XX 设定为…… 将 测试变量▼ 设定为 0 。

功能：将某变量设定为指定值，值可以是数值型，如：5；也可以是字符型，如：四川省。

2. 名称：将变量 XX 增加…… 将 测试变量▼ 增加 1 。

功能：每执行一次，将变量的值依次增加指定数值。

3. 名称：显示变量 显示变量 测试变量▼ 。

功能：将指定的变量在舞台窗口中显示出来，如图 11.3 所示。

4. 名称：隐藏变量 隐藏变量 测试变量▼ 。

功能：将指定的变量隐藏起来，如图 11.4 所示。

图 11.3 显示变量

图 11.4 隐藏变量

## 11.2 创新应用：倒计时 5 秒发射火箭

如图 11.5 所示，点击绿旗，运行程序，火箭切换到支架造型，移动到最下方的发射位置，倒计时 "5-4-3-2-1" 后，切换到飞行造型，向上移动，飞出去，完成整个项目。

### 11.2.1 思维导图

"倒计时 5 秒发射火箭"项目的思维导图如图 11.6 所示，角色选择火箭，背景选择星空。

图 11.5 倒计时 5 秒后发射

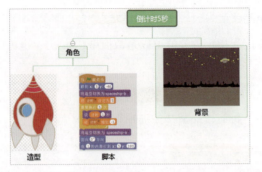

图 11.6 "倒计时 5 秒发射火箭"项目的思维导图

## 11.2.2 制作背景

本项目模拟火箭发射,背景选择太空。

图 11.7 宇宙飞船造型

## 11.2.3 设计角色

根据任务需要,从角色库中选择宇宙飞船角色,该角色自带两个造型,如图 11.7 所示。

A 造型是飞行造型,B 造型是支架造型。经过实验,为了让角色的方向与 Scratch 的方向模块一致,所有的 Scratch 角色都需修改为朝向右的方向,如图 11.8 所示。这样,才能在执行"面向 0 方向"时,宇宙飞船朝向正上方。

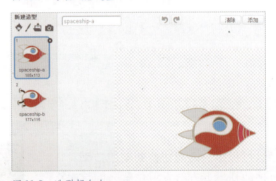

图 11.8 造型朝向右

## 11.2.4 调试脚本

### 1. 初始化

本项目点击绿旗后就开始执行,如图 11.9 所示。设置好造型朝向右后,将宇宙飞船造型拖到合适的位置。这时 Scratch 自动记录下当前位置的坐标,拖动"动作"脚本里的"移到 x: y:"模块,

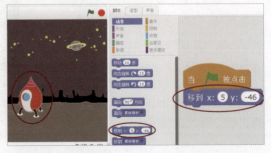

图 11.9 调节角色位置

Scratch 自动填上的坐标即是当前角色位置的坐标。

如图 11.10 所示，宇宙飞船发射前，将造型切换成支架造型，将计时变量设定为 5，为后面的倒计时做好准备。

2. 倒时计

本项目使用"重复执行 5 次"模块来完成每一秒报时间的效果，如图 11.11 所示。在初始化部分，变量"计时"已设定为 5，重复执行 5 次，并"说'计时'1 秒"，此时将显示数字"5"1 秒，再"将计时增加 –1"，意思是减少 1，返回开头，重复执行第二次……直到执行 5 次后，跳过重复模块，执行后面的语句。

图 11.10　初始化脚本 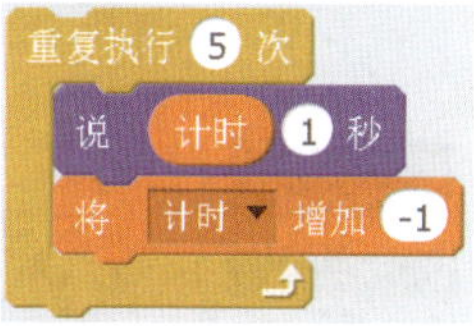　　　　　　　　　　图 11.11　倒计时

3. 发射

如图 11.12 所示，倒计时完成后，开始发射飞船。将造型切换到发射造型，面向向上方向，最后执行"在 1 秒内滑行到 x：5 y：180"命令，飞船将平滑地移动到舞台上方，项目完成。完整脚本如图 11.13 所示。

图 11.12　发射 　　　　　　　　　　图 11.13　完整脚本

## 11.3 创新应用：恐龙宝宝练口算

如图 11.14 所示，恐龙宝宝练口算是一个 10 以内加法计算器，可根据玩家的"回答"做出判断。

### 11.3.1 思维导图

如图 11.15 所示，"恐龙宝宝练口算"项目的背景选择教室图片，角色选择恐龙。

图 11.14 恐龙宝宝练口算

图 11.15 思维导图

脚本的基本思路是：点击绿旗，重复执行开始，设定变量"加数 1"的值为 1 到 10 的随机数，设定变量"加数 2"的值为 1 到 10 的随机数，询问"加数 1"+"加数 2"的结果。此时"加数 1"和"加数 2"已经有一个具体值了，等待回答，最后，根据玩家回答，进行判断。如果等于"加数 1"+"加数 2"的值，反馈"回答正确！"否则，反馈"再思考一下……"

### 11.3.2 制作背景

从背景库中选择教室图片，如图 11.16 所示。

### 11.3.3 设计角色

从角色库中选择蓝色恐龙造型，并移动到适当的位置，如图 11.14 所示。

图 11.16 教室

## 11.3.4 调试脚本

### 1. 新建变量

新建变量：加数1、加数2，用于存储两个加数的值。

### 2. 设计开始标志

此项目点击绿旗后开始重复执行，拖入相应模块，如图 11.17 所示。

图 11.17　重复执行

### 3. 设计随机性练习

为增加练习的科学性，两个加数设计成随机数，随机数是运算符中的功能模块，将在后面章节中进行介绍。设定"加数1"和"加数2"的值为1到10之间的随机数，如图 11.18 所示。

### 4. 询问并等待

如图 11.19 所示，询问时"说"的内容是一个加法算式，该加法算式每次运行都是随机生成的，由"加数1""加数2"和"+"合成而成。这里的合成，需要用到运算符里的"连接"模块。

图 11.18　设定加数为随机数 　　　　图 11.19　询问并等待

"连接"模块的作用是将两部分连接在一起，连接后成为一串字符"helloworld"，如图 11.20 所示。连接模块可嵌套使用，也就是多个"连接"模块可一起使用，以完成多个对象的连接。如图 11.19 所示，它将连接"加数1""+"和"加数2"，连接好后形成一个加法算式。

图 11.20　"连接"模块

如图 11.19 所示，"询问"模块执行时，在舞台窗口中会弹出一个输入框，玩家输完数字，按下回车键，Scratch 会将玩家输入的数字传递给"侦测"项里的"回答"，"回答"存储的数据就是玩家输入的数据。之后就可以引用"回答"来进行判断了。

### 5. 判断

如图 11.21 所示，判断模块将根据给定的条件进行判断。此时，"加数1"和"加数2"已经设定好值了，回答也由玩家输入，所以可以判断玩家的回答是否正确，如果回答正确,将弹出"回答正确!"气泡,否则将弹出气泡显示"再思考一下……"字样。

完整脚本如图 11.22 所示。

图 11.21　判断模块

图 11.22　"恐龙宝宝练口算"项目的完整脚本

## 11.4　链表的基本操作

如图 11.23 的左图所示,如果把变量比作一个置物格子,它可以放置任何物品,但同时只能放置一个,下一个放进来时,自动替换掉前一个。

如图 11.23 的右图所示,相比变量而言,链表就是多个置物格子,每个格子都可以放置物品。取用物品时,报物品的序号即可,也可以添加、删除指定位置的物品。

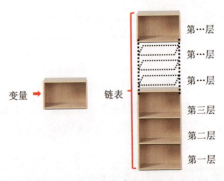

图 11.23　变量与链表的对比

### 11.4.1　新建链表

如图 11.24 所示,与变量相同,新建一个 Scratch 项目时,没有链表,当然"数据"功能列表中就没有与链表相关的功能模块。

因此必须先新建一个链表,才会出现功能模块。如图 11.25 所示,我们新建一个名为"测试链表"的链表。其中的链表名称、适用对象等功能都与变量的含义相同。

图 11.24 新建项目中的"数据"选项卡

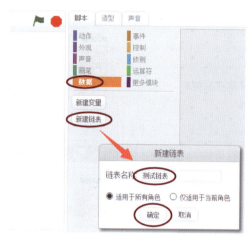

图 11.25 新建链表

### 11.4.2 链表各功能模块的含义

**1. 添加到链表**

从第一条记录开始,逐条添加,如表 11.1 所示。

表 11.1 添加到链表

| 模块 | 将 thing 加到 测试链表 列表 |
|---|---|
| 功能 | 将"thing"这一串字符加到"测试链表"中 |
| 链表状况 | 测试链表<br>1 thing<br>长度 1 |

**2. 删除**

从指定的链表中,删除指定的记录,如表 11.2 所示。

表 11.2 删除记录

| 模块 | delete 1 of 测试链表 |
|---|---|
| 功能 | 删除"测试链表"中的第 1 项 / 末尾项 / 全部。其中的序号 1 是通过键盘输入的数字,但需在"测试链表"的长度范围内才有意义 |

续表

| | |
|---|---|
| 删除前的链表 | 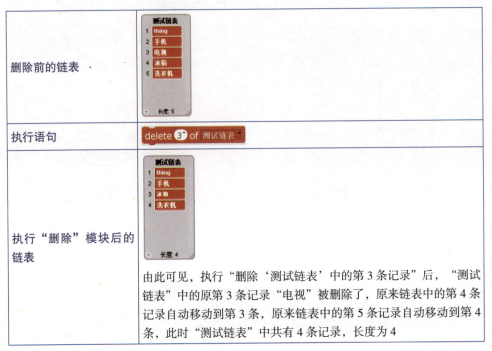 |
| 执行语句 | |
| 执行"删除"模块后的链表 | |
| | 由此可见，执行"删除'测试链表'中的第 3 条记录"后，"测试链表"中的原第 3 条记录"电视"被删除了，原来链表中的第 4 条记录自动移动到第 3 条，原来链表中的第 5 条记录自动移动到第 4 条，此时"测试链表"中共有 4 条记录，长度为 4 |

### 3. 插入记录

在指定链表的指定位置，插入记录，如表 11.3 所示。

表 11.3　插入记录

| | |
|---|---|
| 插入前的链表 | 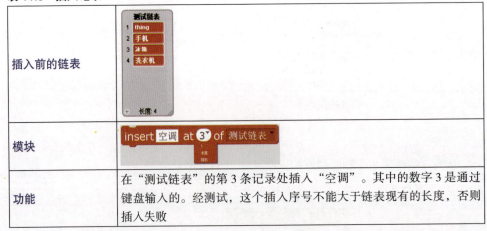 |
| 模块 | |
| 功能 | 在"测试链表"的第 3 条记录处插入"空调"。其中的数字 3 是通过键盘输入的。经测试，这个插入序号不能大于链表现有的长度，否则插入失败 |

续表

| | |
|---|---|
| 插入后的链表 | 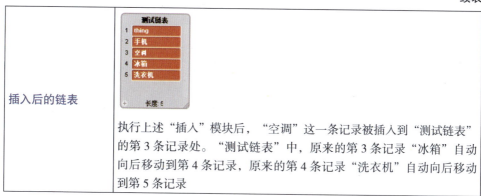 |
| | 执行上述"插入"模块后,"空调"这一条记录被插入到"测试链表"的第 3 条记录处。"测试链表"中,原来的第 3 条记录"冰箱"自动向后移动到第 4 条记录,原来的第 4 条记录"洗衣机"自动向后移动到第 5 条记录 |

4. 替换

替换使用效果如表 11.4 所示。

表 11.4　替换记录

| | |
|---|---|
| 替换前的链表 | |
| 模块 | replace item 1 of 测试链表 with 音箱 |
| 功能 | 用"音箱"替换链表中的第 1 条记录 |
| 替换后的链表 | 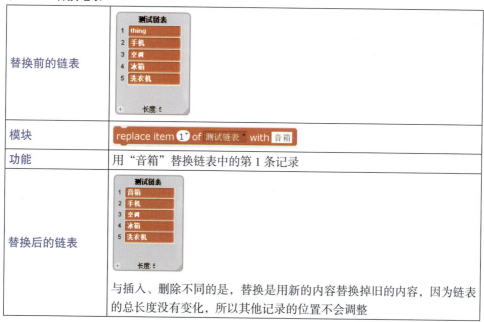 |
| | 与插入、删除不同的是,替换是用新的内容替换掉旧的内容,因为链表的总长度没有变化,所以其他记录的位置不会调整 |

5. 引用链表记录

功能:引用"测试链表"中的第 3 条记录,该模块不能单独使用,只能通过其他模块实现相应功能。

示例：如图11.26所示，当按下空格键后，小猫将"说"出"测试链表"中的第3条记录"空调"。

图11.26 引用"测试链表"中的第3项

6. 引用链表的长度

功能：此模块将读取指定链表的长度，该模块不能单独使用，只能通过其他模块实现相应功能。

示例：如图11.27所示，当按下空格键后，小猫将"说"出"测试链表"的长度"5"。

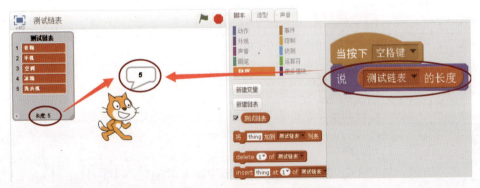

图11.27 "说"出指定链表的长度

7. 检索指定链表中是否包含指定记录

功能：由菱形外形可以得知，此模块是一个条件判断模块，不能单独使用。用于检索指定链表中是否包含指定的记录，包含返回真，不包含返回假。

示例：如图 11.28 所示，当按下空格键后，Scratch 开始检索"测试链表"中有没有指定的"冰箱"记录，如果有，执行"说'链表中有冰箱'"。这里"说"的具体内容可随意设置。如果没有，则执行"说'链表中没有冰箱'"。

图 11.28　测试链表中是否有指定的记录

当链表中的记录较少，也就是长度较短时，检索功能似乎用途不大。当链表中记录很多，长度很长时，依靠人工检索就很辛苦了。

8. 显示链表

功能：如图 11.29 所示，执行此模块后，将在舞台中显示出链表。默认的新建链表是显示出来的。如果链表中的记录很多，Scratch 将根据链表大小，显示链表后面的记录。

图 11.29　显示链表

9. 隐藏链表

功能：隐藏指定的链表，隐藏功能是指不将链表显示在舞台窗口中，但链表存在。隐藏后，可通过"显示链表"功能将链表重新显示出来。

### 11.4.3 相关知识：Scratch 的模块基础

长方形输入框，如图 11.30 所示。长方形的白色输入框是多用途输入框，里面可直接输入字符，也可放置圆角模块或菱形模块，如图 11.31 所示。

图 11.30 长方形输入框

图 11.31 长方形输入框可放置的模块

圆形输入框如图 11.32 所示，圆形输入框只能放置圆形模块，或者输入数字。

菱形模块是条件判断模块，用于逻辑运算，判断某条件是否成立，成立返回"真"，不成立返回"假"。如图 11.33 所示，Scratch 中有很多菱形模块。

图 11.32 圆形输入框

图 11.33 菱形模块

## 11.5 创新应用：抽奖

生活中的抽奖活动，结果都是带有随机性的。设计带随机性的抽奖游戏，需要用随机数功能模块来实现。如图 11.34 所示，背景选择气球舞台，角色选择一个男帅哥。点击绿旗运行程序后，按一次空格键，抽取一个奖品，可不断重复抽取，直到按下红色停止键，程序结束。程序流程图如图 11.35 所示。

第 11 章　数据模块　173

图 11.34　"抽奖"项目的思维导图

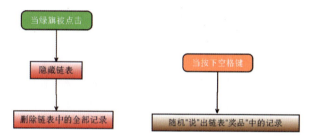

图 11.35　"抽奖"项目的程序流程图

## 11.5.1　制作过程

本小节我们主要讲述抽奖的制作过程。

### 1. 设计背景

从背景库中选择"室内"分类中的 party 背景，选择好后如图 11.36 所示。

### 2. 添加角色

从角色库中选择"人物"分支里的 Rory，如图 11.37 所示。

### 3. 调试脚本

将奖品添加到奖品链表。程序运行前，链表是空的，运行"将 X 加到列表"后，奖品内容就添加到链表中了。每添加一次，链表长度增加一些。程序停止，链表并不会清空。程序每运行一次，链表就会增加一些记录。所以，点击绿旗运行程序前，

图 11.36　party 背景

先隐藏链表，再删除奖品链表中的全部记录，再逐条添加记录到链表中，如图 11.38 所示。

图 11.37　Rory

图 11.38　将奖品添加到链表

设计抽奖程序：如图 11.39 所示，为了方便操作，开始标志设计成"当按下'空格键'"，抽奖需确保公平性，故通过随机数的方式实现。这里设计的是演示程序，奖品链表中设计了 10 条记录，抽奖的随机数范围设计为 1~10。通过角色"说"的方式，"说"出奖品链表中的"第'随机条'记录"，"说"出的是记录内容，不是记录序号，以实现随机抽奖的效果。

图 11.39　抽奖程序

4．测试程序

如图 11.40 所示，点击绿旗运行程序后，再按一次空格键，进行一次抽奖。

图 11.40　测试程序（续）

图 11.40　测试程序

### 11.5.2　拓展应用

参照本节内容，你能制作从 20 道题目中选择 10 题，逐条"说"出试题的考试系统吗？

## 11.6　创新应用：测试按键速度

如图 11.41 所示，这个项目是测试 10 秒内，交替按下 J 键和 K 键的平均速度。必须先按 J 键，再按 K 键，这样交替进行，才能统计出按键次数，这样设计的目的是防止一直按住按键。交替按下 J 键和 K 键，倒计时"3-2-1"后，计时器开始记录时间，10 秒后计算出平均按键次数。图 11.42 分析了本项目的背景和角色，图 11.43 详细分析了本项目的程序流程。本节主要讲述其制作的过程。

图 11.41　测试按键速度

图 11.42　本例的思维导图

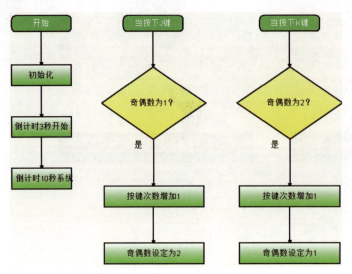

图 11.43　程序流程

## 11.6.1　设计背景

在设计"测试按键速度"项目时,我们选择了沙漠场景,用以配合恐龙造型,如图 11.44 所示,从背景库中选择沙漠造型,导入到背景中。

## 11.6.2　设计角色

根据图 11.42 的设计,造型选择恐龙,完成背景和角色的设计,如图 11.45 所示。

设计背景和角色造型可根据个人爱好自由设计,本项目的重点在于分析算法。

图 11.44　背景

## 11.6.3　设计脚本

### 1. 程序初始化

在设计项目时,每段程序的开始标志是设计的重点。本项目的任务是测试 10 秒内,交替按下 J 键和 K 键的平均速度,当按下 J 键可设计为一种开始标志,当按下 K 键也可设计为一种开始标志,点击绿旗也可设计为计时开始标志,设计好的开始标志如图 11.46 所示。

图 11.45　恐龙造型

图 11.46 "测试按键速度"项目的开始标志

本项目需要两个变量,一个变量记录 10 秒内按键的总次数,一个变量用于记录 J 键和 K 键的按键状态。引用变量前,需要给变量设一个初始值,这一过程称为初始化,如图 11.47 所示。点击绿旗后,所有开始标志的程序进入准备状态,开始标志的事件发生时,相应开始标志的程序开始运行,如图 11.48 所示。点击绿旗后,初始化的"当绿旗被点击"开始标志的程序开始运行,变量"按键次数"设定为 0,奇偶数设定为 1,完成变量的初始化。

图 11.47 初始化

图 11.48 运行和停止标志

2. 倒计时 3 秒开始

测试按键速度涉及计时,计时程序需要倒计时,给测试者一个准备。倒计时程序设计成 3 秒即可,如图 11.49 所示。

3. 倒计时 10 秒系统

Scratch 中有一个内置的计时器,方便程序调用,计时器精确到 0.01 秒。如图 11.50 所示,"3-2-1"开始后,先将计时器归零,以执行此模块之时作为计时 0 点。开始计时,在"计时器"大于 10 秒前,程序一直等待,直到"计时器"大于 10 秒后,"说"出按键速度。按键速度 = 按键次数 /10,用连接运算符连接提示字符"按键速度:"和运算后的按键平均次数和单位"次/秒"。

图 11.49 倒计时 3 秒

图 11.50 倒计时系统

4. 当按下 J 键，增加按键次数

如图 11.51 所示，此段程序将在测试者按下 J 键后开始执行。当测试者按下 J 键后，Scratch 开始检测此时按键状态记录变量"奇偶数"的值，因程序初始化分支里已经将变量"奇偶数"设定为 1 了，所以，测试程序只能从按下 J 键后开始记录次数。检测变量"奇偶数"的值，如果等于 1，变量"按键次数"增加 1，变量"奇偶数"被设定为 2，等待测试者按下 K 键。

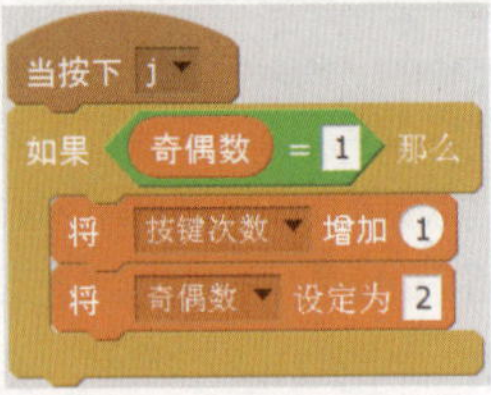

图 11.51　当按下 J 键

5. 当按下 K 键，增加按键次数

如图 11.52 所示，此段程序将在测试者按下 K 键后开始执行。当测试者按下 K 键后，Scratch 开始检测此时按键状态记录变量"奇偶数"的值，因"当按下 J 键"程序里已将变量"奇偶数"设定为 2 了，所以，Scratch 将检测到变量"奇偶数"的值等于 2，变量"按键次数"增加 1，变量"奇偶数"被设定为 1，等待测试者按下 J 键。

图 11.52　当按下 K 键

# 第 12 章
# 侦测模块

**本章学习要点：**

1. 了解侦测模块侦测的对象。
2. 掌握侦测对象属性的引用方法。包括侦测电脑声音的响度、侦测是否按下某一按键、侦测是否碰到对象/颜色/边缘、侦测到目标角色的距离、侦测对象的 X 坐标/Y 坐标、侦测当前的时间。
3. 结合"创新应用实例：统计按键次数"，学会侦测是否按下按键在项目中的应用。

侦测模块的全部知识结构如图 12.1 所示，包括侦测声音、响度、按键、颜色、回答、坐标等。

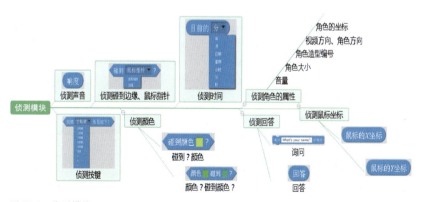

图 12.1　侦测模块

侦测模块里的功能模块，全部都是侦测各种数据的。

## 12.1 侦测功能详解

侦测功能是制作 Scratch 互动项目最关键的功能，下面将详细介绍 Scratch 中的所有侦测功能。

1. 名称：  。

功能：获得电脑的音量值。

示例：

运行效果：

2. 名称： 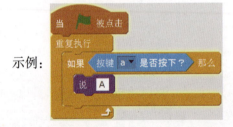 。

功能：侦测键盘上的字母键 A 是否被按下。

示例：

运行效果：

按下 A 键后

3. 名称：碰到 边缘 ？。

功能：侦测是否碰到边缘。

示例：

运行效果：

4. 名称：碰到 鼠标指针 ？。

功能：当鼠标指针指向某角色时，角色增大 20%。

示例：

运行效果：

指针指向前

指针指向后

5. 名称：<碰到颜色 ■ ?>。

功能：侦测是否碰到红色。

示例：

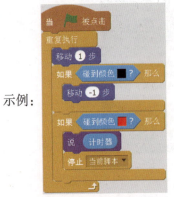

运行效果：如果碰到黑色，后退一步；如果碰到红色，程序停止。

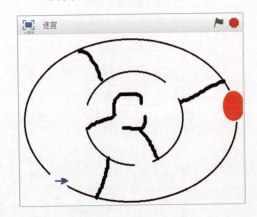

6. 名称：。

功能：侦测红色是否碰到浅蓝色。

示例：

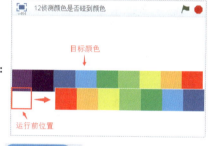

运行效果：

7. 名称：。

功能：侦测获得当前时间值。

示例：

运行效果：

8. 名称：（图示块）。

功能：侦测角色的全部属性。

示例：

运行效果：

9. 名称：视频侦测 动作 在 角色 上 。

功能：侦测角色造型区域中视频移动的快慢。

10. 名称：视频侦测 方向 在 角色 上 。

功能：侦测角色造型区域中视频移动的方向。如图12.2所示，舞台正上方为0，顺时针增加，向右为90，向下为180，视频朝哪个方向移动，方向值就接近该方向上的角度值。如视频朝上方移动时，方向值就接近0，朝右下方移动时，方向值接近135。

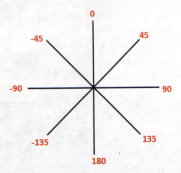

图12.2 Scratch的方向值

11. 名称：视频侦测 动作 在 舞台 上。

功能：侦测整个舞台窗口中视频移动的快慢。

12. 名称：视频侦测 方向 在 舞台 上。

功能：侦测整个舞台窗口中视频移动的方向，如图 12.2 所示。

13. 名称：询问 What's your name? 并等待。

功能：询问"What's your name?"并等待测试者通过键盘输入。其中，"What's your name?"是询问时的提示语言，可根据项目需要自行设定。

示例：

运行效果：如图 12.3 所示，程序一运行，火箭进入发射状态，询问测试者发射密码。如果测试者输入正确的预置密码"12345"，将切换到发射造型，并向上方发射出去；否则，提示密码错误。

图 12.3 询问发射火箭密码

14. 名称：鼠标的x坐标 鼠标的y坐标。

功能：侦测鼠标指针的 X 坐标和 Y 坐标。

示例：

运行效果：如图 12.4 所示，程序运行后，鼠标指针移动到舞台中的什么位置，潜水者将在 1 秒内，滑行到鼠标当前的位置。

图 12.4　跟随鼠标指针游泳

## 12.2　创新应用：统计按键次数

这是一个非常简单的项目。统计按键次数，指在 10 秒内，统计按下按键的次数。在本项目中，计时器的功能是最重要的，下面介绍具体制作流程。

1. 名称 计时器归零 。

功能：计时器重置为 0，此后计时器从 0 开始计时。

2. 名称 计时器 。

功能：侦测自最近一次计时器归零后，到现在经过的时间，时间精确到百分位。

示例：

运行效果：如图 12.5 所示，每次点击绿旗运行程序后，倒计时 3 秒，计时器归零，开始新的计时。此时每按下一次键盘上的 J 键，变量"按键次数"将增加 1。10 秒后，说出按键次数。

图 12.5　统计按键次数运行画面

# 第 13 章　运算符模块

**本章学习要点：**

1. 理解、掌握常见的数学运算：加、减、乘、除在 Scratch 中的使用方法。

2. 理解什么是条件运算，理解条件运算的结果"真"或"假"，理解、掌握条件运算：大于、小于、等于在 Scratch 中的使用方法。

3. 理解逻辑运算"与"、"或"、"非"的含义，理解、掌握逻辑运算在 Scratch 中的运用方法。

4. 理解掌握字符运算：字符连接、取出字符和统计字符串的长度的含义。

5. 通过对比和实例，掌握引用变量参加各种运算，将数学知识与 Scratch 应用紧密联系起来。

如图 13.1 所示，Scratch 中的运算分为三大类，分别是数学运算、条件运算和字符运算。

## 13.1　数学运算

数学运算包括常见的加法运算、减法运算、乘法运算、除法

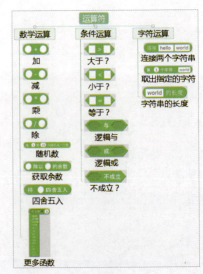

图 13.1　Scratch 中的运算符

运算和获取随机数运算、获取余数运算、特殊函数运算。具体的运算功能如表 13.1 所示。

表 13.1 基础数学运算

| 名称 | 功能 | 示例程序 | 得数 |
| --- | --- | --- | --- |
| ◯ + ◯ | 将左右两个圆形输入框中的加数加起来 | 当▶被点击 说 1 + 55 | 56 |
| ◯ - ◯ | 用左边圆形输入框中的被减数，减去右边圆形输入框中的减数 | 当▶被点击 说 85 - 9 | 76 |
| ◯ * ◯ | 分别用左右两个圆形输入框中的数作为乘数，进行乘法运算 | 当▶被点击 说 3 * 9 | 27 |
| ◯ / ◯ | 将左边圆形输入框中的数当作被除数，将右边圆形输入框中的数当作除数，进行除法运算 | 当▶被点击 说 72 / 9 | 8 |
| 在 1 到 10 间随机选一个数 | 在两个圆形输入框中的数字之间，随机取一个数。如在 1~10 之间、1~100 之间、1~20 之间等 | 当▶被点击 说 在 1 到 100 间随机选一个数 | 17 |
| ◯ 除以 ◯ 的余数 | 取左边的数除以右边的数后的余数 | 当▶被点击 说 10 除以 4 的余数 | 2 |
| 将 ◯ 四舍五入 | 根据数学中的四舍五入运算规则，进行四舍五入运算，保留整数。如 3.4 四舍五入等于 3，9.5 四舍五入等于 10 等 | 当▶被点击 说 将 4.5 四舍五入 | 5 |

在表 13.2 中，罗列了 Scratch 中的所有函数运算，函数运算将在中学陆续学习，这里不进行详解。

表 13.2　Scratch 中的函数运算对比表

| 序号 | 函数名称 | 示例 | 得数 |
| --- | --- | --- | --- |
| 1 | 平方根 | 平方根 9 | 3 |
| 2 | 绝对值 | 绝对值 -5 | 5 |
| 3 | 向下取整 | 向下取整 7.3 | 7 |
| 4 | 向上取整 | 向上取整 7.3 | 8 |
| 5 | 正弦函数 | sin 30 | 0.5 |
| 6 | 余弦函数 | cos 65 | 0.42 |
| 7 | 正切函数 | tan 30 | 0.58 |
| 8 | 反正弦函数 | asin 0.5 | 30 |
| 9 | 反余弦函数 | acos 0.5 | 60 |
| 10 | 反正切函数 | atan 0.2 | 11.31 |
| 11 | 以 e 为底的对数函数 | ln 20.08 | 3 |
| 12 | 对数函数 | log 30 | 1.48 |
| 13 | 以 e 为底的指数函数，e = 2.718281828459 | e ^ 3 | 20.09 |
| 14 | 以 10 为底的指数函数 | 10 ^ 3 | 1000 |

## 13.2　条件运算

条件运算模块的外形是菱形，运算内容是一个条件，通过运算判断条件是否成立，返回值只有两种：是（真、1、true）或者否（假、0、false）。当条件成立时返回"是"，条件不成立时返回"否"。主要涉及的条件运算如表 13.3 所示。

表 13.3　条件运算

| 序号 | 名称 | 示例 | 功能 |
| --- | --- | --- | --- |
| 1 | 小于？ | 测试变量A < 10 | 如果"测试变量 A"<10 成立，返回值为"真" |
| 2 | 等于？ | 测试变量B = 100 | 如果"测试变量 B"=100 成立，返回值为"真" |

续表

| 序号 | 名称 | 示例 | 功能 |
|---|---|---|---|
| 3 | 大于? | 测试变量C > 50 | 如果"测试变量 C">50 成立，返回值为"真" |
| 4 | 逻辑与 | 测试变量A < 10 与 测试变量B = 100 | 判断左右两个条件是否都成立，都成立时返回"真"，其中任意一个条件不成立时，返回"假" |
| 5 | 逻辑或 | 测试变量B = 100 或 测试变量C > 50 | 两个条件中，任意一个条件成立时，返回"真"，两个条件都不成立时，返回"假" |
| 6 | 逻辑非 | 测试变量A > 测试变量B 不成立 | 判断条件："测试变量 A">"测试变量 B"是否不成立，不成立时返回"真"，成立时返回"假" |

## 13.3 字符运算

字符运算是对字符的一系列处理操作，包括连接、取出、统计长度三种操作。

1. 名称：连接 `连接 hello world` 。

功能：连接"hello"和"world"，计算结果为：helloworld。

示例： `说 连接 按键次数: 按键次数`

如图 13.2 所示，执行这个模块后，Scratch 将把字符串"按键次数："和此时变量"按键次数"的值连接在一起并"说"出来。

2. 名称：取出 `第 1 个字符: world` 。

功能：从字符串"world"中，取出第 1 个字符，结果为"w"。

图 13.2 连接字符

示例：

如图 13.3 所示，点击绿旗后，Scratch 将变量"标语"设定为字符串"为中华之

崛起而读书"，再"说"出变量"标语"中的第3个字符，运行效果为："说"出"华"。

3. 名称：统计长度 world 的长度。

功能：计算字符串的长度。

示例：

图 13.3 取出运算

如图 13.4 所示，点击绿旗后，Scratch 将变量"标语"设定为字符串"为中华之崛起而读书"，再"说"出变量"标语"的长度为 9，表示有 9 个汉字。运行效果为："说"出"9"。

## 13.4 创新应用：小猫学数学

"小猫学数学"是一个比较实用的项目，可用来陪孩子练习 10 以内的乘法。运行界面如图 13.5 所示，每次运行，出 5 道题。5 道题目回答完后，汇报回答正确的题目数。两个乘数在 1~9 的范围内，这两个数都是随机数，每次运行所产生的数字都不同。题目出示后，等待玩家输入答案，程序将根据玩家的回答，自动判断。如果回答正确，说"太棒了！"并将正确题数的计数器增加 1；如果回答错误，说"再思考一下哟！"

下面我们分析一下这个项目。

"小猫学数学"项目，背景选择教室讲台作为背景，背景无脚本。

本项目只需一个角色，就选择小猫角色。当点击绿旗后，项目开始运行，首先执行的是项目初始化，接下来是出题，之后判断玩家的回答是否正确，最后汇报玩家这次测试中回答正确了多少道题。项目分析如图 13.6 所示。

图 13.4 计算字符串长度

图 13.5 "小猫学数学"项目的运行界面

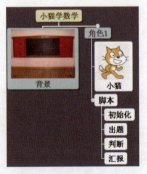

图 13.6 小猫学数学思维导图

制作过程如下：

1. 设计背景

点击背景管理区中的"从背景库中选择背景"按钮，打开背景库。点击左侧分类标签中的"室内"标签，从右侧筛选出来的背景中选择"chalkboard"背景，点击"确定"按钮，完成背景设计，如图 13.7 所示。

2. 设计角色 1 造型

点击"新建角色"区域中的"从角色库中选取角色"按钮，在打开的角色库中，选择左侧的"动物"标签，再从右侧的角色窗口中，选择"cat1"，点击"确定"按钮，如图 13.8 所示。

图 13.7 设计背景

图 13.8 新建角色

3. 设计角色 1 脚本——初始化

"小猫学数学"项目的初始化动作包括设置小猫的位置，显示出来，并将变量"正确题数"设定为 0。将小猫拖动到舞台中合适的位置，拖入"移到 x: y:"模块，此时该模块的坐标值已自动更新为小猫当前的坐标了。再拖入"显示"模块，并新建一个名字为"正确题数"的变量，完整的脚本如图 13.9 所示。

图 13.9 初始化

4. 设计角色 1 脚本——出题

初始化完成后，就可以开始出题了。因为每次测试只出 5 道题，所以先拖入"重复执行 5 次"模块，每重复一次，出一道题，如图 13.10 所示。

图 13.10 重复 5 次

为了增加题目的可玩性，每道题中的两个乘数都应该是随机的。所以，先新建两个变量，分别是"被乘数"和"乘数"，分别将"被乘数"和"乘数"设定为1~9之间的随机数，再拖入"询问"模块，询问内容为："被乘数"×"乘数"=。因被乘数和乘数都是变量，乘号和等号是字符，所以需要使用连接运算模块将它们连接起来，合并成一个完整的乘法算式，如图13.11所示。

### 5. 设计角色1脚本——判断

出题完成后，待玩家输入题目答案，并按下回车键后，就开始判断输入是否正确。拖入"如果……那么……"分支语句模块，分支条件是，判断回答是否等于"被乘数"和"乘数"的乘积。拖入乘法运算符，从"数据"项里，分别拖入变量"被乘数"和"乘数"到乘法运算符中。并将这个乘法运算符拖入判断相等运算符的右边方框中，在左边方框中拖入"侦测"项里的"回答"。如果回答正确，说"太棒了！"并将正确题数的计数器增加1；如果回答错误，说"再思考一下哟！"完整的程序模块如图13.12所示。

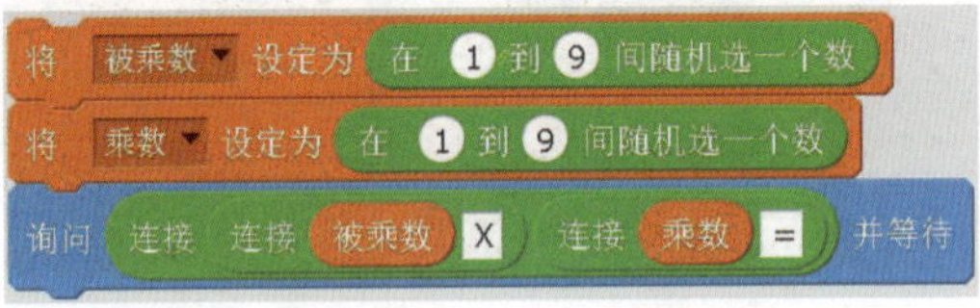

图13.11 出题

图13.12 判断

### 6. 设计角色1脚本——汇报

判断完成后，再次重复，直到5道题目全部判断完成。最后，就是汇报本次测试的情况了。拖入"说"模块，拖入两个连接运算符，连接字符"你回答正确了"和变量"正确题数"，再连接"道题！"完整模块如图13.13所示。

图13.13 汇报

### 7. 测试

至此，完整模块如图13.14所示。点击绿旗开始测试，看看各项功能是否按照设计要求完全实现了。

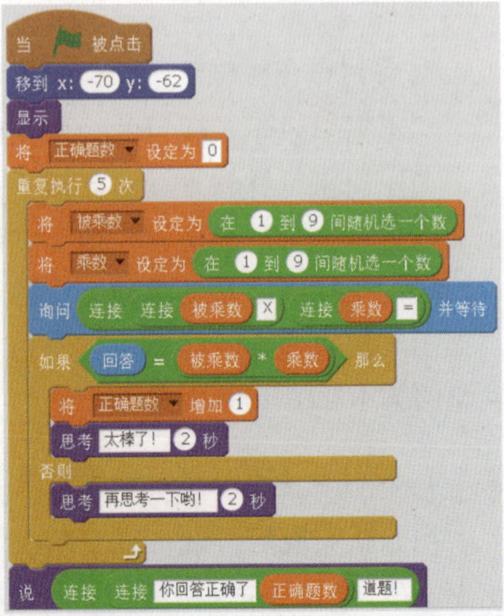

图13.14 完整模块

# 第 14 章 自建功能模块

本章学习要点:

1. 理解什么是自建功能模块,理解什么时候需要自建功能模块。
2. 结合"创新应用:制作歌曲《北京的金山上》的引子",使读者理解自建功能模块的用途。如图 14.1 所示,根据项目需要,当需要重复使用同一功能时,可自定义一个名字,并定义一些功能,完成自建功能模块。在程序的其他位置可直接调用自建功能模块。

图 14.1 自建功能模块

## 14.1 创新应用:制作歌曲《北京的金山上》的引子

本节主要讲述歌曲《北京的金山上》引子部分音乐的制作过程。

《北京的金山上》引子部分的音乐简谱如图 14.2 所示。

图 14.2 《北京的金山上》引子部分的简谱

### 14.1.1 初始化

任何Scratch项目都要设计初始化程序,以完成角色复位、为变量设定一个初始值、清空链表记录等工作,为该项目运行做好准备。

在这个项目中,和其他音乐演奏类Scratch作品一样,需要设计初始化乐器,这里选择1,钢琴;初始音量,这里设定为100,也就是最大;节奏设定为60bpm,也就是1秒1拍。初始化完成后,执行自定义模块"引子",完整脚本如图14.3所示。

打开"脚本"选项卡里的"更多模块"项,点击"新建功能块"按钮,在弹出的对话框中输入模块名,并点击"确定"按钮,如图14.4所示。

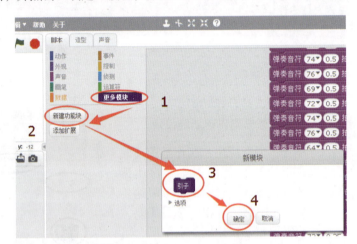

图 14.3 初始化脚本　　　图 14.4 自定义模块

添加自定义模块后,Scratch自动在脚本编辑区中添加一个"定义'引子'"的开始标志,如图14.5所示。

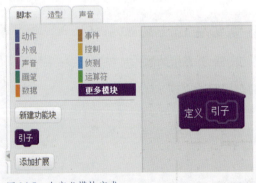

图 14.5 自定义模块完成

## 14.1.2 自定义引子：弹奏引子前面部分的单音

自定义的"引子"，前面部分弹奏的是引子部分的单音。按照图 14.2 所示的《北京的金山上》引子的简谱，依次拖入"弹奏音符 X"模块，如图 14.6 所示，完成引子前面部分单音的弹奏。

## 14.1.3 设计最后 4 拍的和弦

比较难的是最后四拍的和弦设计。

### 1. 弹奏最后 4 拍 "6"

最后的 4 拍，包括弹奏主旋律的 "6" 4 拍，和弹奏两次 am 和弦。因为主旋律与和弦需要同时弹奏，通过发送广播"伴奏起"，主旋律与和弦都以"当接收到'伴奏起'"广播作为开始标志，这样可实现多个音符同时弹奏，实现和弦效果。

主旋律是弹奏音符 "6" 4 拍，用图 14.7 所示的模块来实现。

图 14.6 自定义"引子"的前面的单音

### 2. 弹奏 am 和弦

am 和弦共两拍，需要弹奏两个。这样，如图 14.8 所示，我们需要再自定义一个 am 和弦模块，在引子中引用两次，完成共 4 拍的和弦弹奏。

图 14.7 弹奏主旋律 "6" 4 拍

图 14.8 开始弹奏 am 和弦

### 3. 自定义 am 和弦

如图 14.9 所示，和弦需同时弹奏多个音符，可通过发送一个广播，使用多个"当接收到 X 广播"开始标志，来实现同时弹奏。

### 4. 弹奏 "3" 0.5 拍

如图 14.10 所示，当接收到"伴奏起"广播后，弹奏 "3"，接下来，发送广播 "am16"。

### 5. 同时弹奏 "6" 和 "1" 0.25 拍

如图 14.11 所示，弹奏完八分音符 "3" 后，接下来要同时弹奏十六分音符 "6" 和十六分音符高音 "1"。这里也是同时弹奏，所以也用广播来实现。

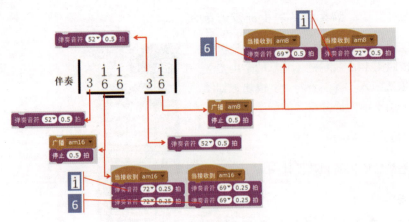

图 14.9　和弦实现原理图

图 14.10　第一个 0.5 拍

图 14.11　实现和弦

### 6. 弹奏"3" 0.5 拍

如图 14.12 所示，用"弹奏音符"模块，弹奏"3" 0.5 拍。

### 7. 同时弹奏"6"和"1" 0.5 拍

如图 14.13 所示，弹奏"3" 0.5 拍后，发送广播"am16"，拖入两个"当接收到 am16"开始标志，实现同时弹奏"6"和"1"各 0.5 拍，共 1 拍。

图 14.12　弹奏"3" 0.5 拍

图 14.13　弹奏"6"和"1" 0.5 拍

## 14.1.4　试听和调试

设计好所有的脚本后，点击绿旗，听一听有没有弹奏不准确的音，和弦是否按简谱要求完美进行了弹奏。

## 14.2 难点解析

**1. 自定义功能模块"引子"**

新建一个名为"引子"的自定义功能模块,如本章的图 14.1 所示。

Scratch 将自动在脚本区中生成一个定义"引子"的开始标志,如图 14.14 所示。最后在"定义'引子'"下面,拖入具体的模块,完成自定义模块,如图 14.15 所示。

图 14.14 定义"引子"开始标志

图 14.15 定义"引子"

**2. 两声部同步演奏**

两声部同时演奏,即在需要开始同时演奏的地方,"发送 X 广播",需要同时演奏的每一个声部,都用"当接收到 X 广播"作为开始标志。这样可实现多声部同时演奏,如图 14.16 和图 14.17 所示。

图 14.16 多声部实现方法

图 14.17 和弦实现方法

# 第 15 章
## 互动游戏：打地鼠

**本章学习要点：**

1. 通过制作"互动游戏：打地鼠"，让读者学会从设计到制作一个完整游戏项目的方法，体会设计的重要性。
2. 养成项目制作的思维方式，借助百度脑图掌握分析方法。
3. 结合实例，进一步理解初始化，理解随机位置。

如图 15.1 所示，"打地鼠"游戏是仿照金山打字通里的英文打字游戏制作的一个互动项目。游戏开始后，小锤跟随鼠标指针移动，移到地鼠上并点击，击中地鼠，地鼠变矮，小锤出现火花，成绩增加 1。之后，地鼠更换位置重新出现，如此重复，30 秒后，游戏结束。

图 15.1 打地鼠

## 15.1 分析打地鼠项目

本项目的思维导图如图 15.2 所示，程序流程图如图 15.3 所示。

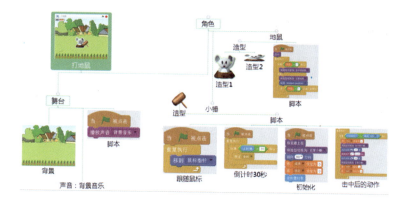

图 15.2　思维导图

图 15.3　程序流程图

难点：

1. 地鼠移到随机位置。

2. 小锤跟随鼠标指针移动，并在地鼠上点击后，才视为击中。

## 15.2 制作过程

### 15.2.1 设计背景

找一张适当的背景图，通过"从本地文件中上传背景"的方法将图片导入背景中，如图 15.4 所示。

也可以为背景编写脚本。准备好背景音乐的 mp3 文件，选择背景，切换到背景的"声音"选项卡，选择"从本地文件中上传声音"，将

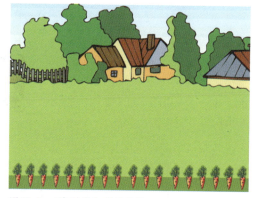

图 15.4　"打地鼠"项目背景

准备好的 mp3 文件上传到 Scratch 中，并命名为"背景音乐"，如图 15.5 和图 15.6 所示。

图 15.5　导入 mp3 音乐

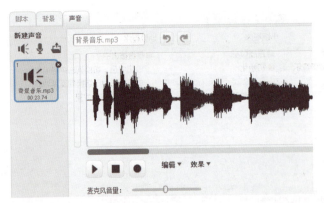

图 15.6　导入完成

### 15.2.2　设计地鼠角色

1. 导入造型

在"打地鼠"项目中，地鼠有两种造型，一种是正常地鼠，如图 15.7 所示；另一个是击中时的地鼠，如图 15.8 所示。

图 15.7　正常地鼠　　图 15.8　击中时的地鼠

找一张适当的地鼠图片，通过"从本地文件中上传角色"的方法将其导入到新建角色"地鼠"中。

切换到地鼠的"造型"选项卡，打开造型编辑器，用合适的工具，删除掉多余的白色背景，只保留地鼠本身，并将造型命名为"正常地鼠"，如图15.9所示。

### 2. 制作击中时的地鼠

如图15.10所示，右键点击正常地鼠的造型，从弹出的菜单中，选择"复制"命令，完成角色造型的复制，如图15.11所示。

图15.9　修改造型

图15.10　复制造型

图15.11　复制造型完成

如图15.12所示，将复制好的第二个地鼠造型的编辑器模式调整为矢量图编辑模式。选择"选择"工具，点击编辑器中的地鼠造型，调节中上部的控制点，将地鼠高度降低一半，并将造型名称更改为"击中时地鼠"，完成后的效果如图15.13所示。

图15.12　切换到矢量图编辑模式

图15.13　调整造型高度

### 3. 设计脚本

新建一个变量"状态"，"状态"变量将记录鼠标指针是否在地鼠上。如果击中了，将"状态"设定为1；否则，设定为0。

地鼠的控制脚本，将根据变量"状态"的值来确定地鼠的造型，如图15.14所示。

程序从绿旗被点击开始执行,将重复执行一条"如果……那么……否则……"语句,当条件"状态=1"成立时,执行"将造型切换为'击中时地鼠'",否则,"将造型切换为'正常地鼠'",并通过"移到随机位置"模块,将地鼠移到舞台中的随机位置,并通过"在'状态=1'之前一直等待"模块,停留在新的位置,等待测试者用鼠标点击,如此重复。

图 15.14 地鼠脚本

### 15.2.3 设计小锤角色

#### 1. 导入造型

导入准备好的小锤造型,并进行适当修改,如图 15.15 所示。

用制作"击中时地鼠"的方法,制作"击中时小锤",做好后的效果如图 15.16 所示。

图 15.15 小锤造型

#### 2. 设计跟随脚本

小锤的第一个动作是跟随鼠标移动,如图 15.17 所示,重复执行"移到'鼠标指针'"模块即可完成。

图 15.16 制作"击中时小锤"造型

图 15.17 跟随鼠标

#### 3. 倒计时

"倒计时 30 秒"程序是控制整个项目结束的,也可设计到地鼠中。如图 15.18 所示,程序从"当绿旗被点击"开始执行,重复判断"计时器"是否大于 30,如果条件满足,立即"停止'全部'"脚本。

## 4. 初始化

如图 15.19 所示，为了有一个合理的视觉效果，小锤应该放置于地鼠的上层，并切换为"正常小锤"，面向 90°方向，并将变量"成绩"、变量"状态"和计时器都设定为 0。

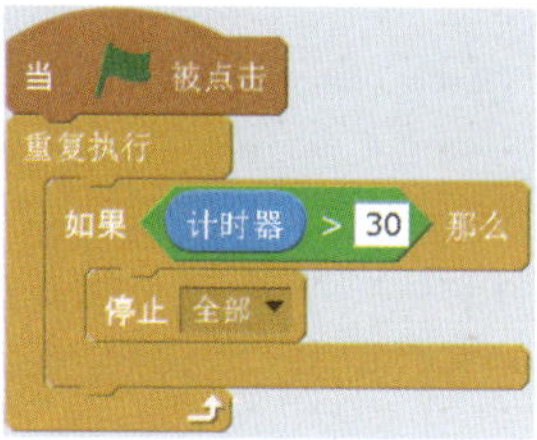

图 15.18 倒计时 30 秒

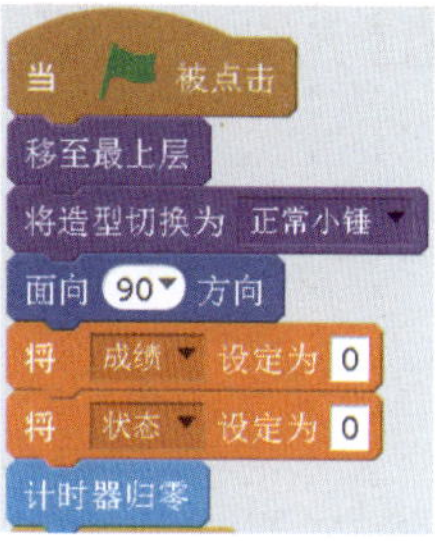

图 15.19 初始化

## 5. 检测是否击中

如图 15.20 所示，在执行完初始化程序后，开始重复检测是否"按下鼠标"和"碰到地鼠"，"下移鼠标"模块的功能是检测是否按下鼠标。当这两个条件同时满足时，将小锤的造型切换为"击中时小锤"，并做一些旋转、声音效果，稍后，旋转到正常位置，并将造型切换到"正常小锤"，将变量"成绩"增加 1，将变量"状态"设为 0，以通知地鼠该切换到"击中时地鼠"造型了。

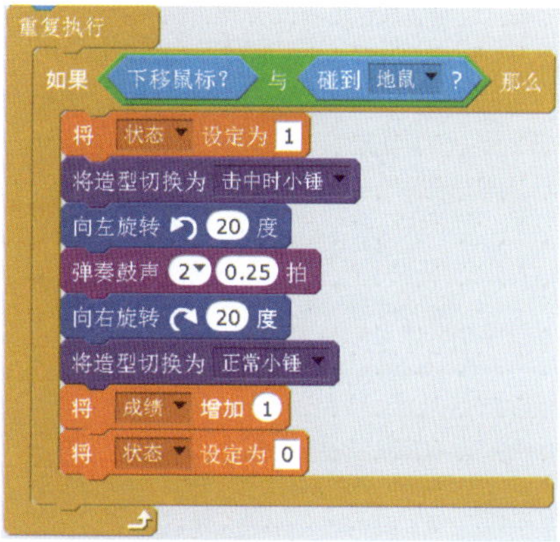

图 15.20 检测击中

### 15.2.4 调试

制作完成后，点击菜单栏中间的角色复制、删除、放大、缩小按钮，将地鼠和小锤调整到适当的大小，点击绿旗，运行程序，测试功能是否正常。

### 15.2.5 拓展

1. 用适当的方法，制作一个游戏封面，说明一下游戏规则和使用方法，并制作一个"开始"按钮，测试者点击"开始"按钮后，游戏开始。

2. 游戏结束后，制作一个成绩报告单，报告测试者的游戏时间、点击次数等游戏数据。

# 第 16 章
## 互动游戏：雷电

本章学习要点：

1. 通过制作"互动游戏：雷电"，让读者掌握大型项目的分析方法，借助百度脑图，学会系统地分析项目。
2. 进一步理解面向对象的含义。
3. 通过设计交替发射子弹的算法，解决子弹飞行未到边缘，再次发射时，子弹被强行拉回的问题。
4. 学习灵活使用随机位置算法，以增加游戏可玩性。
5. 适当进行拓展，以拓展学生的思维。

"雷电"游戏是仿照电脑上的经典游戏"雷电"来设计的，如图 16.1 所示。雷电是一个用鼠标控制飞机飞行，发射子弹射击敌人的游戏项目。游戏时间共 30 秒，击中一个敌人，成绩增加 1。与电脑游戏"雷电"相比，同样用鼠标控制，按下鼠标左键后，发射子弹，子弹击中敌人后，敌人消失。

图 16.1 "雷电"游戏项目

### 16.1 "雷电"项目分析

"雷电"项目是一个比较庞大的完整项目，是一个综合性项目。思维导图如图 16.2 所示。背景选择了黑色星空。角色共有 4 个，分别是跟随鼠标移动的飞机、敌人和交替发射的子弹 1、子弹 2。程序开始运行后，移动鼠标，飞机跟随鼠标指针移动，按下鼠标左键后，根据子弹序号的值，确定发送广播，通知子弹发射。在子弹飞行过程中，不断检测是否碰到敌人。如果碰到了敌人，隐藏子弹，隐藏敌人，敌人移到随机位置，换造型，换特效，成绩 +1，再次显示出来，等待再次被子弹击中。

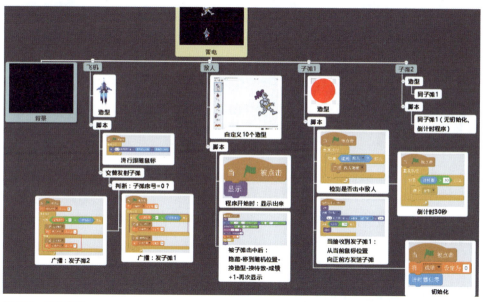

图 16.2 思维导图

## 16.2 制作"雷电"项目

本小节详细讲解"雷电"项目的制作过程。

### 16.2.1 设计背景

点击"从背景库中选择背景"按钮，选择"太空"中的 stars 背景，如图 16.3 所示。

图 16.3 背景

### 16.2.2 设计飞机角色

**1. 设计角色造型**

如图 16.4 所示，选择一张"飞机"图片，导入到新建角色中，并进行适当修改，删除掉多余的白底等。

图 16.4 飞机造型

**2. 设计角色脚本：滑行跟随鼠标**

如图 16.5 所示，设计角色跟随鼠标指针移动有两种实现方式。

图 16.5 移到鼠标与滑行跟随鼠标

第一种是"移到鼠标指针"。程序执行速度很快，肉眼根本感觉不到移动的过程；第二种是"在 X 秒内滑行到鼠标位置"，滑行时间指从程序开始执行到完成移动需要的时间，需要设计者多次调试，以设计出合适的时间值。鼠标指针位置是通过侦测鼠标当前的 X 坐标和鼠标的 Y 坐标来侦测的，当时间值设定为 0 时，等同于第一种的执行效果。

总体说来，这两种跟随鼠标指针移动的方式，第一种的特征是速度快，较生硬；第二种的特征是速度可控制，有滑行效果。

"雷电"游戏选择第二种，以滑行跟随鼠标指针的方式，视觉感受好一些，如图 16.6 所示。

**3. 设计角色脚本：发射子弹**

我们先来看看子弹的部分脚本，作用是向正前方发射出去。

如图 16.7 所示，发射子弹的算法是这样的：将子弹显示出来，移到当前鼠标指针的位置，在 0.3 秒内滑行到当前鼠标位置的正上方顶点位置。这个具体位置是，x 坐标等于侦测"飞机的 x 坐标"，y 坐标等于 180，也就是上方顶点。

图 16.6 滑行跟随鼠标

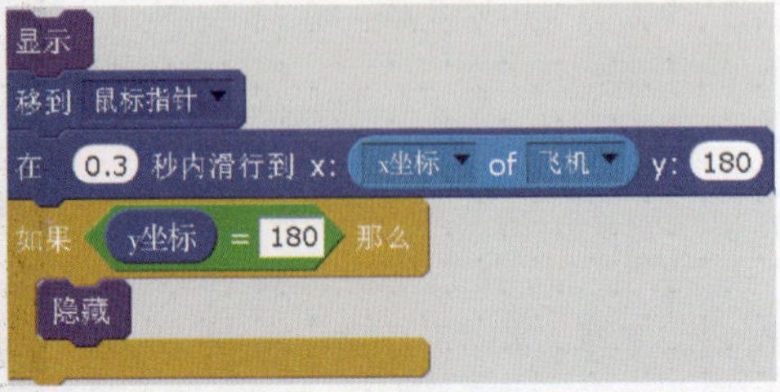

图 16.7 发射子弹脚本

### 4. 交替发射子弹的必要性

子弹从飞机位置飞行到正上方边界，需要一定的时间。在这个过程中，如果再次按下鼠标左键，将再次执行发射脚本，也就是再次从当前飞机的位置，将子弹向正上方发射出去。这样的话，连续点击鼠标左键，子弹将一直飞行到正前方一段后，又回到飞机位置。只有鼠标的最后一次点击，发射的子弹才会飞行到正上方顶点。所以，可以通过两个子弹交替发射的方式，来达到比较满意的子弹飞行效果。如有必要，甚至可选择三颗子弹轮流发射的方式。弄清楚了交替发射子弹的必要性后，如图 16.8 所示，通过变量"子弹序号"来实现交替发射。这部分脚本是针对飞机角色的。

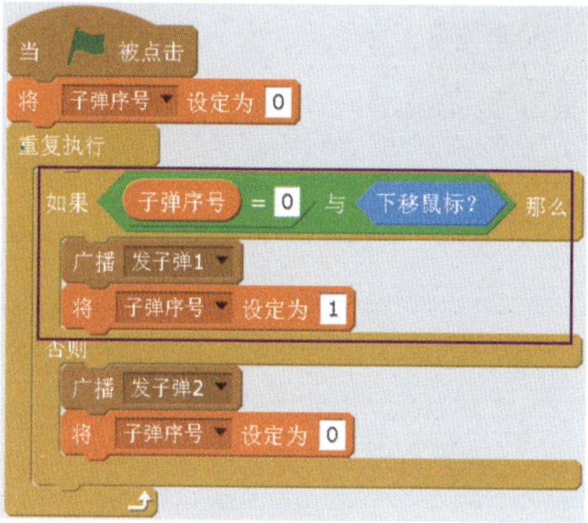

图 16.8 交替发射子弹的算法

如图 16.9 所示，当绿旗被点击，先将"子弹序号"设置为 0。如果此时按下鼠标，满足条件"子弹序号 =0"和"按下鼠标"，执行广播"发子弹 1"，通知子弹 1 发射，将"子弹序号"设置为 1。

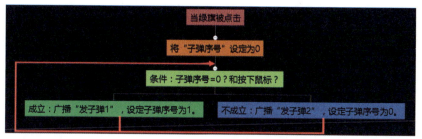

图 16.9 交替发射子弹

第二次按下鼠标后，此时不满足条件"子弹序号 =0"和"按下鼠标"，因为此时"子弹序号"等于 1 了，所以，执行广播"发子弹 2"，将"子弹序号"设定为 0。如此重复进行。

### 16.2.3 设计子弹1角色

**1. 设计子弹1造型**

如图 16.10 所示，子弹 1 实际上就是一个正圆，大小自定，合适即可。点击"绘制新角色"按钮，切换到矢量图编辑模式，使用椭圆工具完成绘制。

**2. 设计子弹1脚本：初始化**

初始化脚本可以设计到任意角色的脚本中，内容如图 16.11 所示，作用是将"成绩"变量设定为 0 和将计时器归零。

图 16.10　子弹 1 造型

图 16.11　初始化脚本

**3. 设计子弹1脚本：倒计时**

倒计时程序也可以设计到任意角色的脚本中，如图 16.12 所示，当计时器大于 30 秒时，所有脚本停止执行。

**4. 设计子弹1脚本：发射**

发射子弹的命令是飞机角色发出的，在飞机角色的脚本设计中，已进行详细介绍。子弹 1 在接收到"发子弹 1"广播后，立即显示出来，移到鼠标指针的当前位置，这样以达到从飞机发射子弹的效果。子弹再面向正上方飞出去，直到碰到上边沿，也就是子弹的 $y$ 坐标等于 180 时，隐藏起来。完整程序如图 16.13 所示。

图 16.12　倒计时脚本

图 16.13　发射子弹 1

**5. 设计子弹1脚本：检测是否击中敌人**

在子弹飞行的过程中，需要不断检测是否击中敌人，通过侦测碰到敌人角色来实现，如图 16.14 所示。

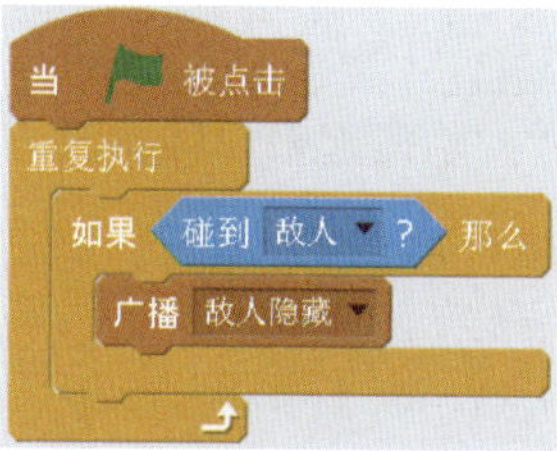

第 16 章 互动游戏：雷电

图 16.14 检测是否击中敌人

### 16.2.4 设计子弹 2 角色

1. 复制子弹

右键点击角色管理区中的"子弹 1"角色，从弹出的菜单中，选择"复制"命令，完成复制角色操作，如图 16.15 所示。

2. 设计子弹 2 脚本

"子弹 2"在接收到"发子弹 2"的命令后，开始发射。将开始标志更改为"当接收到'发子弹 2'"，其余与子弹 1 相同。

图 16.15 复制角色

子弹 2 在飞行过程中，也需要不断检测是否击中敌人，所以，检测是否碰到敌人部分的脚本仍然保留。

删除初始化脚本和倒计时脚本。完整脚本如图 16.16 所示。

图 16.16 子弹 2 的脚本

### 16.2.5 设计敌人角色

1. 设计敌人造型

敌人角色只需设计一个，造型可以有多个，根据个人喜好，自行设计。这里，我们选择了 10 个造型。

2. 显示出敌人

敌人需要在程序开始运行时，先被显示出来。

在子弹的脚本中，有一段专门检测是否碰到敌人的脚本，碰到后，通过发送广播"敌人隐藏",来通知敌人。

如图16.17所示,当敌人角色接收到"敌人隐藏"广播后,隐藏起来,移动到另外一个随机位置。

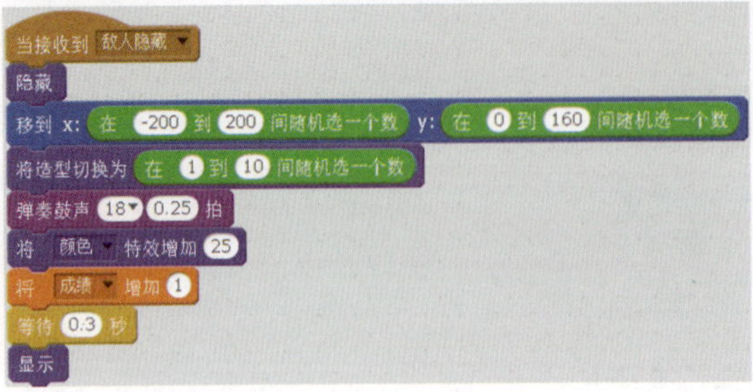

图16.17 敌人隐藏脚本

**3. 两种随机位置方式的对比**

如图16.18所示,"移到随机位置"功能是将角色移动到舞台上的任意位置。

图16.18 随机位置脚本对比

"移动到指定的随机区域"的功能是移动到指定区域的随机位置。

如图16.19所示,根据游戏项目的设计,适合敌人出现的区域是在((X: -200-200),(Y:0-160))的红色区域。出现在舞台上部很好理解,敌人出现在舞台上部才便于飞机射击。左右两边没有到最外侧,原因是Scratch对角色的坐标侦测在角色的正中间,为了让敌人比较完整地显示出来,所以,两边预留了一些空间。

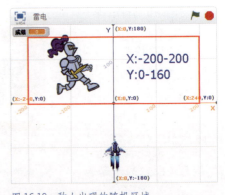

图16.19 敌人出现的随机区域

所以,在"雷电"游戏中,敌人的随机位置,选择"移动到指定的随机区域"模块。

**4. 更换敌人(更换造型)**

更换敌人实际上只更换了造型和角色坐标,弄清楚这个就很好理解随机敌人了。

如图 16.20 所示，移到随机区域后，将造型切换为"在 1 到 10 间随机选一个数"，Scratch 将自动转为用造型序号来识别造型，这样就达到随机出现敌人的效果了。随后，播放 0.25 拍鼓声，用来提示击中了敌人。"将'颜色'特效增加 25"将生成不同颜色特效的敌人。最后，将变量"成绩"增加 1，等待 0.3 秒后，再次显示出来，等待子弹再次击中。

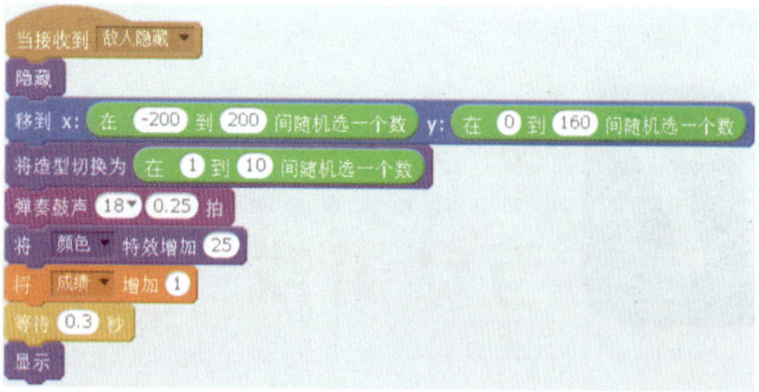

图 16.20 敌人脚本

## 16.2.6 测试

设计好所有角色的造型和脚本后，点击绿旗，运行所有程序，测试功能是否达到预设的效果。

## 16.2.7 拓展

1. 设计一个游戏封面，并添加游戏说明和"开始"按键。
2. 设计一个英雄榜，也就是玩家每玩一次，都将完成时间和成绩记录在一个链表中。

# 第 17 章
## 互动游戏：抢滩登陆战

**本章学习要点：**

1. 结合"互动游戏：抢滩登陆战"，进一步体会随机位置可增加游戏的可玩性。
2. 借助 Scratch 手柄，将 Scratch 的应用拓展到一个全新的领域，给玩家带来全新的操作体验。
3. 将 Scratch 手柄和 mBlock 软件配合使用，初步认识高电平、低电平的概念，学会 Scratch 手柄上的旋转电位器、按键的使用方法，将 Scratch 项目适当地改用手柄控制。
4. 理解根据任务需要，对传感器数据进行合理运算。
5. 初步认识基于 Arduino 的开源外围传感器在 Scratch 中的运用。

"抢滩登陆战"游戏项目，是一个全新的 Scratch 游戏项目，将使用一个游戏手柄来控制整个游戏。这将把 Scratch 的应用带到一个全新的应用领域。

### 17.1 前期准备

#### 17.1.1 Scratch 手柄

如图 17.1 所示，Scratch 手柄是一款基于 Arduino NANO 的开源 DIY 硬件，用户可网购相关元件后，自行进行焊接。配合 mBlock 软件，即可开发丰富多彩的手柄操控游戏。也可将以往的游戏改为 Scratch 手柄控制的方式,如迷宫、神箭手等,每一种传感器的详细使用方法如表 17.1 所示。

Scratch 手柄使用到了 4 种传感器,分别是旋转电位器,通常用来控制角色面向的方向、声音大小等;滑动传感器通常用来控制角色的上下移动、移动速度等;按键传感器,通常用来发射子弹等;超声波传感器,通常用来测量距离,详细使用方法如表 17.1 所示。

图 17.1　Scratch 手柄

表 17.1　Scratch 手柄使用说明

| 传感器 | 取值范围 | 用途 |
| --- | --- | --- |
| 旋转电位器<br>(顺时针、逆时针旋转) | 0~1023 | 控制角色方向、音量大小等 |
| 滑动电位器<br>(上下滑动) | 0~1023 | 控制角色的上下移动、移动速度、角色大小、音量高低等 |
| 按键传感器(上下微动) | 1 或 0(高电平/低电平) | 发射子弹、弹奏音符、下一任务等 |
| 超声波传感器 | 检测距前方障碍物距离 | 测量距离、打气球等 |

### 17.1.2　mBlock 软件

mBlock 软件是基于 Scratch 2.0 开发的一款改进性软件,支持中文输入、支持外围硬件等,界面如图 17.2 所示。mBlock 软件在 Scratch 2.0 的基础上,增加了机器人模块,可通过 USB 接口外接开源电子产品,将程序下载到电子产品上,或者接上 USB 线,外接的硬件和 Scratch 舞台同时使用,大大丰富了 Scratch 的应用领域。

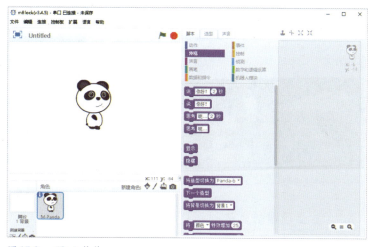

图 17.2　mBlock 软件

## 17.2 设计、制作抢滩登陆战

### 17.2.1 抢滩登陆战游戏简介

如图 17.3 所示，游戏开始后，完全由手柄控制游戏的进行。用手柄上的旋转电位器控制角色的顺时针和逆时针旋转，这种控制方式比之前的用键盘控制操作的感受好得多。发射子弹，由手柄上的一个按键来控制，用户按下按键，一颗子弹将发射出去，再次按下，将再次发射子弹。

控制方式：Scratch 手柄上的旋转电位器控制炮台的旋转，4 号按键控制子弹的发射。

结束条件：60 秒。

可玩性：Scratch 手柄控制炮台的旋转和发射子弹，增强了游戏的操作感受；敌人的随机速度和随机位置，增加了游戏的可玩性，如图 17.4 所示。

图 17.3 游戏手柄

图 17.4 游戏中的抢滩登陆战

### 17.2.2 当绿旗被点击

1. 设计方向传感器

如图 17.5 所示，抢滩登陆战游戏一开始，第一，需要重复采集旋转电位器的值，并通过 Arduino 板发送给 mBlock 软件。

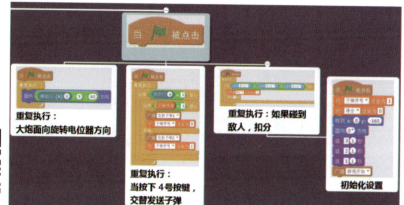

图 17.5　当绿旗被点击

旋转电位器发送值的范围是 0~1023，通过如图 17.6 所示的计算公式可看出，当将旋转电位器旋转到最左端时，传感器传到 mBlock 软件的模拟口 A0 的值为 0，除以 9，再减去 60 后，等于 -60。根据图 17.20 所示，此时，炮台将面向左上方。

图 17.6　计算面向正上方的方向

当将旋转电位器旋转到最右端时，传感器传到 mBlock 软件的模拟口 A0 的值为 1023，除以 9，再减去 60 后，等于 53。根据图 17.20 所示，此时，炮台将面向右上方。

这样，旋转电位器的旋转范围基本与炮台的旋转范围协调起来，实现了完美的游戏体验。

### 2. 设计按键传感器

按键传感器是一个微动开关，当开关弹起时，相应数字端口串联一个电阻到 GND，也就是下拉接地。这样，可确保该端口稳定为低。当按下开关后，接通到高电平 5V，发送给数字口 4 的值为高（1）。所以，设计脚本时，需要重复判断数字口 4 的值，当微动开关按下时，数字口 4 的值为 1，此时"子弹序号"等于 1，广播"发射子弹 1"，将"子弹序号"设定为 0，通知发射 1 号子弹；再次按下该微动开关时，此时"子弹序号"等于 0，广播"发射子弹 2"，将"子弹序号"设定为 1，通知发射 2 号子弹。用这种算法，实现轮流发射子弹的目的，完整脚本如图 17.7 所示。

### 3. 设计必要的初始化

每一个项目都需要初始化。在本项目中，当绿旗被点击时，将"子弹序号"设置为 1，将"得分"设定为 0。将炮台移动到舞台正下方，并将炮台面向正上方。最后，设计一个倒计时 3 秒计时，广播"游戏开始"，游戏正式开始，完整脚本如图 17.8 所示。

**4. 设计炮台被敌人撞击脚本**

当炮台发射的子弹击中敌人时，敌人撞到炮台后，每撞击一次，"得分"将减少 1，并等待 2 秒。等待 2 秒的作用是防止敌人被撞击后，多次减分。

这些功能，通过重复执行实现。用两个逻辑或运算符，同时检测是否碰到三个敌人中的任意一个，完整脚本如图 17.9 所示。

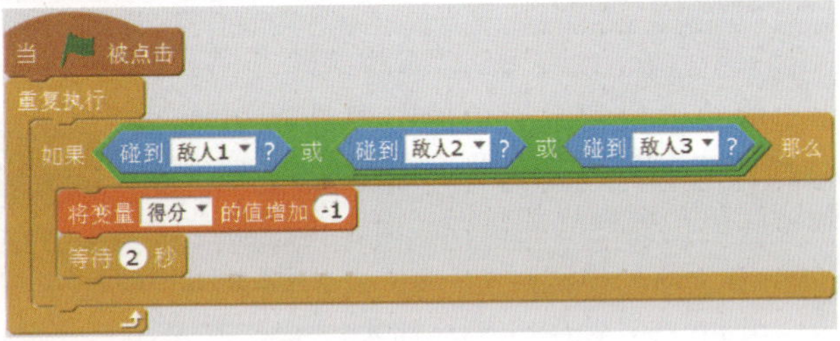

图 17.7 交替发射子弹脚本

图 17.8 初始化脚本

图 17.9 被敌人撞击的完整脚本

### 17.2.3 当接收到"游戏开始"广播

倒计时 3 秒后，游戏正式开始。子弹和敌人都进入游戏状态，如图 17.10 所示。

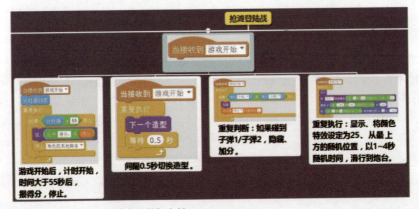

图 17.10 当接收到"游戏开始"广播

**1. 倒计时程序**

倒计时程序设计到任何角色的脚本中都可以，这段程序将根据时间来控制本项目所有程序的停止时间，所以，设计到任何角色中均可，完整脚本如图 17.11 所示。

接收到"游戏开始"广播后，首先将计时器归零，Scratch 系统内置的计时器重新开始计时。接下来重复判断计时器是否大于 55 秒，如计时器大于 55，全部程序停止。

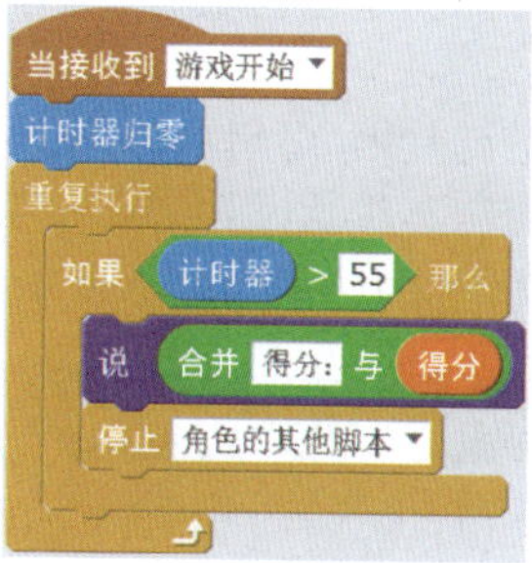

### 2. 设计敌人动画

每一个敌人都设计了两个及两个以上的造型。通过脚本控制，实现不断地重复切换造型，完成卡通敌人的振翅高飞等动画效果。完整脚本如图 17.12 所示。

### 3. 重复检测是否被击中

在敌人飞行过程中，需要不断地检测是否碰到敌人。如果碰到敌人，立即将敌人隐藏起来，实现击中就消失的效果，接下来，将变量"得分"增加 1，实现加分，完整脚本如图 17.13 所示。

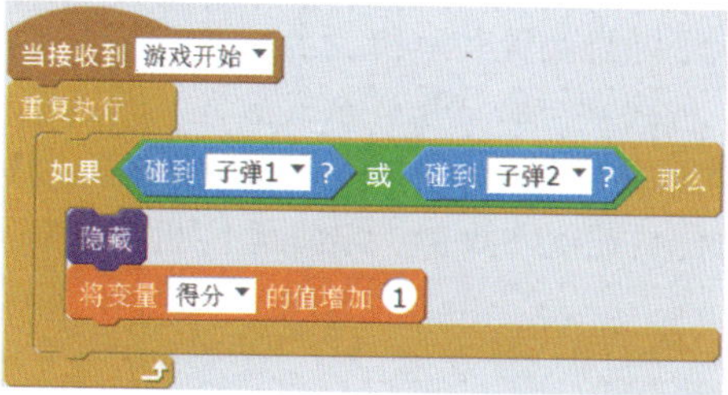

图 17.11 倒计时程序    图 17.12 敌人飞行脚本

图 17.13 检测敌人是否被子弹击中

## 17.2.4 设计游戏的可玩性因素

试想一下，如果抢滩登陆战只设计到这里就开始玩，玩不了几局，甚至是玩不到 1 分钟，相信你就会放弃它。因为同样的敌人不断地从同一个位置出来，你只需将炮台一次性指向那个方向即可，之后，一直按住发射子弹键即可。

接下来我们开始设计抢滩登陆战的可玩性因素。

### 1. 随机颜色特效

在 Scratch 的颜色管理中，当颜色值以 25 的倍数进行变化时，颜色区分较明显。所以用随机的 1~10 之间的数字，乘以 25，将产生比较满意的随机颜色效果，脚本如图 17.14 所示。

图 17.14 随机颜色特效

### 2. 随机出现位置

敌人从舞台正上方不断飞向舞台下方正中间的炮台位置。炮台是固定不动的，如果敌人再从固定的位置出现的话，游戏就没意思了。所以，必须将敌人的出现位置设定在正上方的随机位置。

舞台正上方的 y 坐标为 180，这里设置为 160，便于比较完整地将敌人显示出来。坐标 x 决定水平方向上的左右位置，用 -240~240 之间的随机数来实现敌人随机出现在舞台正上方的效果。具体脚本如图 17.15 所示。

图 17.15  出现在随机位置

### 3. 随机速度

产生了随机位置和随机颜色，游戏基本可玩了。在街机游戏中，增加游戏可玩性还有一种因素，那就是自杀式敌人，即以最快的速度，撞向玩家。这里，我们采用随机速度的方式增强游戏的可玩性。在随机的 1~4 秒内，敌人滑行到炮台位置，从而实现随机速度的效果。详细脚本如图 17.16 所示。

图 17.16  增加游戏可玩性的因素

## 17.2.5 当接收到"发射子弹1"广播

子弹当接收到"发射子弹 1"广播时，首先移到炮台位置，子弹必须从炮台位置发出。接下来是显示出来，再播放一种声音特效，在面向当前炮台的方向，将子弹发射出去。发射子弹是子弹角色不断移动到边缘的实现，当子弹向前移动碰到边缘后，子弹隐藏起来，等待下一次发射命令。完整脚本如图 17.17 所示。

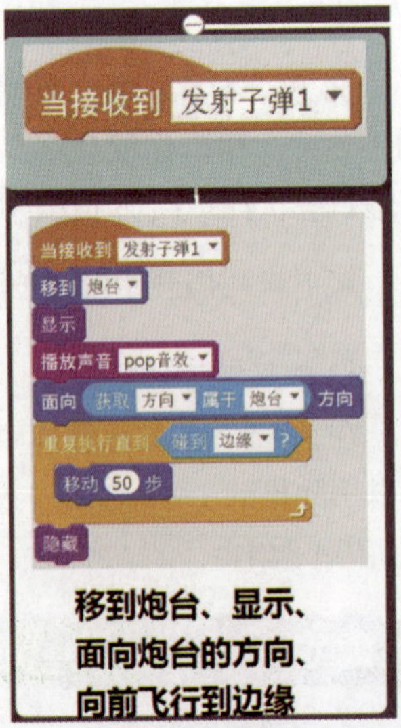

移到炮台、显示、面向炮台的方向、向前飞行到边缘

图 17.17  当接收到"发射子弹 1"

### 17.2.6 设计其他角色

1. 敌人个数可增加为多个，只需复制敌人角色后，更改一下造型即可。
2. 子弹 2 是必须要设计的，以实现交替发射子弹的效果。

## 17.3 难点解析

### 1. 旋转电位器控制炮台方向

如图 17.18 所示，旋转电位器采集到 Scratch 软件中数据变化的范围为：0~1023。而在"抢滩登陆战"项目中，我们需要把炮台的方向设计到面向正上方的 120 度范围内，所以需要将采集到 Scratch 中的数据进行一些计算，如图 17.19 所示。

图 17.18 炮台面向的方向范围

图 17.19 计算后的炮台程序

如图 17.20 所示，在计算后的炮台程序中，当采集到的旋转电位器的值为 0 时，计算结果为 -60°；当采集到的旋转电位器的值为 1023 时，计算结果约为 54°。这样，炮台的方向被计算程序修改到正上方的 120 度范围内。

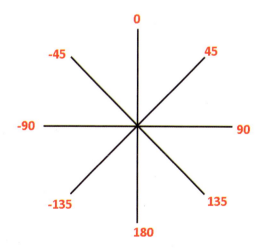

图 17.20 Scratch 方向

2. 按键控制发射子弹

如图 17.21 所示，mBlock 采集 Scratch 手柄上 4 号按键的值，当按下 4 号按键后，返回 1；当松开 4 号按键后，返回 0。

设计按键控制子弹发射程序，需要不断检测数字口 4 的值。当值为 1 时，表示此时按下了 4 号键，开始交替发射子弹；当值为 0 时，表示松开了按键。

3. 拓展

添加炸弹武器，也就是该武器启动后，舞台上的所有敌人均会牺牲。

图 17.21 按键控制发射子弹

# 第 18 章
# 互动游戏：神箭手

本章学习要点：

1. 结合"互动游戏：神箭手"，让读者体验一个完整的大型游戏项目的制作全过程。

2. 理解、掌握随机位置和随机速度同时作用所带来的新鲜刺激感，可大大增强游戏的可玩性。

3. 通过交替发射弓箭算法的设计，让读者进一步体会用算法解决实际问题，将数学知识运用到实际应用中的方式。

4. 尝试将游戏修改为适合 Scratch 手柄的控制方式，体会根据任务需要，使用适当的控制方式。

5. 尝试增加选择弓箭手造型，体验多功能游戏项目的设计方法。

"神箭手"游戏项目，是一个非常完整的游戏项目。包括游戏所必需的开始画面、结束条件和可玩性设计等要素。"神箭手"项目的运行画面如图 18.1~ 图 18.3 所示。游戏用上下方向键控制弓箭手上下移动，按下上方向键时，弓箭手向上移动；按下下方向键时，弓箭手向下移动。用空格键来控制发射弓箭。每次游戏，共 60 秒时间，60 秒后，统计击中的气球数量。

图 18.1 "神箭手"游戏封面

图 18.2 "神箭手"游戏中

图 18.3 游戏结束

难点：

1. 交替发射弓箭。

2. 气球从随机位置向上飞。

3. 气球以随机速度向上飞。

控制方式：使用上下方向键进行控制，空格键控制发射。

结束条件：60 秒。

可玩性：气球的速度和位置是随机的。

## 18.1 制作过程

像这类大型项目，按照程序执行流程设计思维导图，便于大家理解。如图 18.4 所示，当绿旗被点击，所有程序开始执行。首先打开的是主题画面和封面，同时出现 Start 按钮。

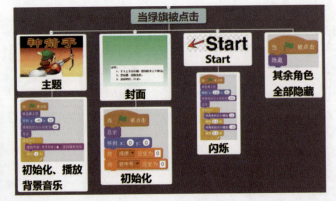

图 18.4 程序执行过程

## 18.1.1 设计封面

规范的游戏项目，在封面上应该设计一些关于该游戏的玩法和说明等。如图 18.5 所示，设计者向玩家介绍游戏的玩法和相关规则。

封面在绿旗被点击后，首先显示出来，再把它移动到舞台中央。最后，将变量"成绩"设定为 0，准备开始记录成绩；变量"箭序号"用来实现交替发射弓箭，先将它设定为 0，做好发射准备，如图 18.6 所示。

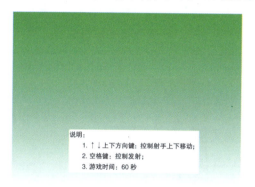

图 18.5　封面说明

图 18.6　封面脚本

## 18.1.2 设计主题图片

如图 18.7 所示，主题图片一般是游戏 Logo，用于展示游戏的主要内容。

这个主题图片在"当绿旗被点击"时，首先"移至最上层"，以防止被全屏的封面图片所遮挡。接下来是移到坐标（-40，10）处，并将角色的大小设定为 80，同时显示出来，脚本如图 18.8 所示。一个规范的 Scratch 项目，每一个在舞台上出现的对象，不论运行多少次，都应该有一个规定的位置。而不应该每次都不同，但一些增加游戏可玩性的角色除外，如随机出现的敌人等。

图 18.7　"神箭手"主题图

图 18.8　主题图片脚本

### 18.1.3 设计 Start 按钮

采用动静结合的原则，在游戏的开始画面中，封面和主题图片都是不动的，我们将 Start 按钮设计成大小绽放的形式，以吸引玩家注意。

绘制一个 Start 角色，如图 18.9 所示。这个角色在"当绿旗被点击"时显示出来。与主题 Logo 图片一样，将它移到最上层，防止被封面图片遮挡。接下来是用鼠标在舞台上直接拖动 Start 角色，移动到适当的位置，与主题 Logo 图片相对应。这时，Scratch 将把当前 Start 角色的坐标，自动更新到动作脚本中的"移到 x: y:"模块中，再拖曳 移到 x: 230 y: 90 到脚本中即可。因为游戏开始后 Start 角色将被隐藏起来，所以这里必须把它显示出来，这一段初始化脚本如图 18.10 所示。

图 18.9　Start 角色

图 18.10　Start 角色的初始化脚本

接下来，需要设计一个大小不断缩放的动画效果，来吸引玩家眼球。这一功能是通过重复执行"将角色的大小增加 10"和 0.2 秒后"将角色的大小增加 -10"，也就是缩小 10，这样不断重复，实现不断缩放的动画效果，脚本如图 18.11 所示。

游戏开始，出现封面画面时，游戏中要出现的弓箭手、气球和弓箭都应该被隐藏起来。所以，在这些角色的"当绿旗被点击"开始标志后，都要放置"隐藏"模块，如图 18.12 所示。

图 18.11　制作缩放动画

图 18.12　放置"隐藏"模块

接下来，设计游戏开始后的动作，如图 18.13 所示。当玩家点击主题 Logo 图片后，游戏正式开始运行，这一消息是主题 Logo 图片被点击后，发出"Start"广播，游戏主角弓箭手和气球1、气球2接收到"Start"广播后，各自开始运行。

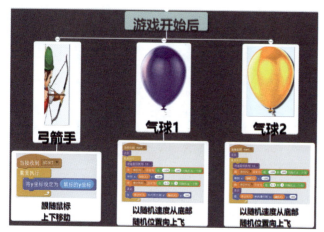

图18.13 游戏开始后

## 18.1.4 设计主题图片的脚本

如图18.14所示，当主题图片被点击后，首先隐藏起来，以留出舞台，让游戏主角显示出来。接下来是发出游戏开始的"Start"广播，将用于记录游戏运行时间的计时器归零。最后的一段重复执行语句，负责不断检测时间是否超过60秒，一旦超过60秒，汇报成绩，程序全部停止。

## 18.1.5 设计弓箭手造型和脚本

**1. 设计弓箭手跟随鼠标指针上下移动的脚本**

弓箭手的第一个功能，是跟随鼠标指针只做上下移动。这样设计，方便玩家操控弓箭手上下移动。这一功能通过不断将弓箭手的y坐标设定为鼠标指针的y坐标来实现，如图18.15所示。

图18.14 主题图片脚本

**2. 交替发射弓箭**

弓箭手的第二个功能是发射弓箭，弓箭是另外一个角色。弓箭手只负责发布"发射命令"，同样通过Scratch的广播功能来完成。

在项目初始化时，我们已将"箭序号"设定为0，这时，玩家按下空格键，将广播"发射1"，通知第一支箭发射，同时，将变量"箭序号"设定为1，为下一次发射第二支箭做准备。

当玩家再次按下空格键，此时变量"箭序号"已经被脚本设定为1了，所以，根据"如果……那么……否则……"语句的判断,将广播"发射2",通知发射第二支箭,如图 18.16 所示。

图 18.15 弓箭手跟随鼠标指针移动

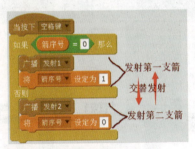

图 18.16 交替发射弓箭

### 3. 设计报成绩脚本

弓箭手的第三个功能是在接收到广播"报成绩"时,将变量"成绩"的值"说"出来,如图 18.17 所示。

图 18.17 报成绩脚本

## 18.1.6 设计气球造型和脚本

### 1. 设计气球造型

气球需要两个造型,第一个是正常状态的气球,如图 18.18 所示的列表中的第二个造型;第二个造型是被弓箭射中后的造型,这里用画了一个带白色叉的气球,如图 18.18 所示的列表中的第一个造型。

### 2. 随机位置发射

为了增加游戏的可玩性,气球需要从底部的随机位置向上飞舞。左右的随机位置,用生成的 $x$ 坐标($-100\sim180$)来表示,意思是指水平方向上的随机位置。舞台最下方,$y$ 坐标用 $-180$ 来表示。这样,用随机 $x$ 坐标和 $y$($-180$)坐标来表示出现的随机位置,如图 18.19 所示。

图 18.18 气球造型列表

图 18.19 随机位置

### 3. 随机发射速度

气球移动到最下方的随机位置，再加上一个随机速度，这样的游戏就更好玩了。随机速度，是通过设定随机变量"腾空时间"，同时，通过"在 X 秒内滑行到 x: y:"模块来实现的。"腾空时间"的范围 0.5~3 是多次调试出来的，可以进行更改，以达到调节游戏难易程度的目的，如图 18.20 所示。

随机位置加上随机速度，共同生成了可玩性极高的随机升起的气球。完整脚本如图 18.21 所示。

第二个气球的脚本与第一个相同，只是造型颜色不同。

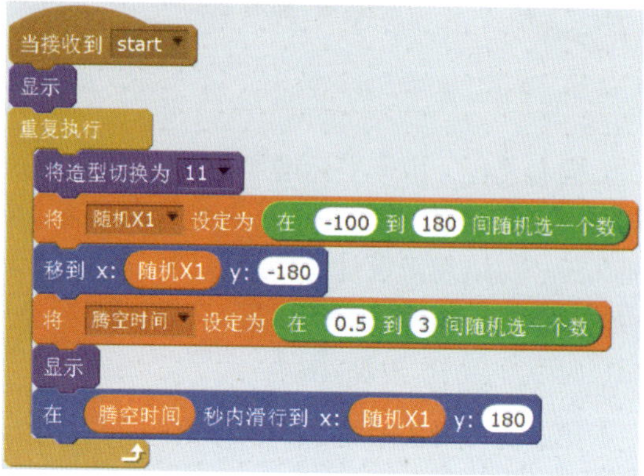

图 18.20　随机速度

图 18.21　随机速度和随机位置发射

### 4. 设计气球被击中后的脚本

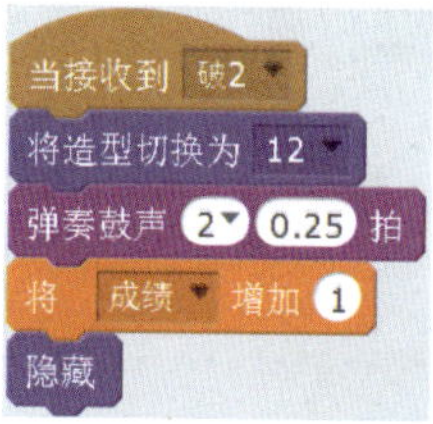

图 18.22　气球被击中后的脚本

弓箭在飞行过程中，不断检测是否碰到气球。如果碰到气球，立即发射广播，用广播通知气球该执行击中后的脚本。以气球 2 为例，这部分击中后的脚本的开始标志是"当接收到'破 2'"广播。气球被击中后，首先将造型切换为画了叉的造型，表示被击中了。接下来是弹奏一个鼓声，模拟气球爆破的声音。最后将变量"成绩"增加 1，并隐藏起来。完整脚本如图 18.22 所示。

## 18.1.7　设计弓箭造型和脚本

### 1. 设计弓箭造型

找一张弓箭图片，选择"从本地文件中上传角色"，打开造型编辑器，用橡皮擦工具，擦除多余的背景，修改好的弓箭造型如图 18.23 所示。

### 2. 设计弓箭脚本

如图 18.24 所示，弓箭在接收到发射广播后，首先移动到当前弓箭手的位置，再将其显示出来。也就是说，弓箭要从弓箭手中的弓的位置发射出去，这样才真实。

接下来需要设计弓箭向右飞行的脚本，弓箭不断向右飞行，直到碰到舞台右方，也就是弓箭的 x 坐标不能大于 220，x 坐标最大为 240。选择条件重复语句，具体是"重复执行直到 x 坐标大于 220"，在这个条件成立的前提下，"重复"语句内的所有语句都将不断重复执行。

图 18.23　弓箭造型

图 18.24　弓箭初始化

向右飞行，由 x 坐标增加 30 来实现，每执行一次，增加 30，达到飞行效果。在向右飞行的过程中，还需要不断地检测是否击中气球，如图 18.25 所示，用"如果……那么……"语句来设计。如果碰到气球 1，广播"破 1"，通知气球 1 应该执行击中后的脚本了；如果碰到气球 2，广播"破 2"，通知气球 2 应该执行击中后的脚本了。完整脚本如图 18.26 所示。

第二支弓箭的造型和脚本与第一支弓箭的完全相同。

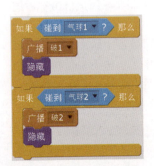

图 18.25　检测是否击中气球

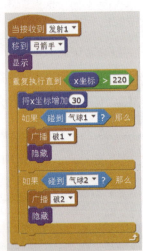

图 18.26　气球飞行完整脚本

## 18.2　设计导图

按照程序执行的流程，我们设计了如图 18.27~图 18.30 所示的程序流程图。

第 18 章 互动游戏：神箭手

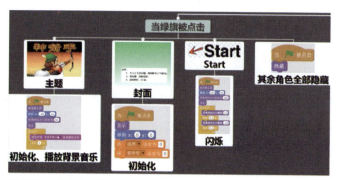

图 18.27　程序执行导图 -1

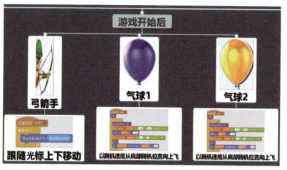

图 18.28　程序执行导图 -2

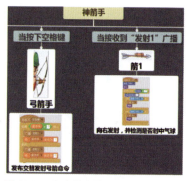

图 18.29　程序执行导图 -3

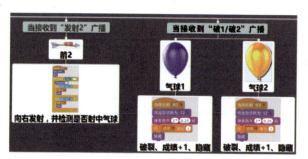

图 18.30　程序执行导图 -4

图 18.31　程序执行导图 -5

## 18.3 难点解析

### 1. 交替发射弓箭

如图 18.32 所示,交替发射弓箭,主要解决弓箭飞到舞台边缘的问题。避免连续发射时,一支弓箭飞出,没到舞台边缘时,又接到新的发射命令,出现飞不到边缘的情况。

### 2. Start 按钮的闪烁效果

Start 按钮闪烁效果的详细脚本如图 18.33 所示。

图 18.32 交替发射弓箭

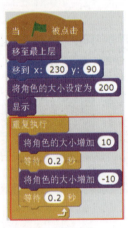

图 18.33 闪烁效果

如果把闪烁的速度调慢一点的话,可以发现,闪烁效果实际上是不断切换大小不同的两幅图,具体脚本如图 18.33 所示。

### 3. 拓展

1. 添加更多的气球。

2. 添加选择弓箭手造型、更换背景的功能。

# 第 19 章
# 创新应用：百科知识竞赛

**本章学习要点：**

1. 结合"创新应用：百科知识竞赛"，理解、掌握数学建模知识，学会将生活中的实际问题，用变量、链表和算法模拟出来。

2. 进一步认识程序执行流程。

3. 检验人工智能的作用：简单、重复性工作被智能机器替代。

"百科知识竞赛"项目是一个创新应用类项目，它使用 Scratch 知识设计算法，完成一个生活中的实际应用。这类项目的创意来源于生活，又能解决生活中的实际问题。这种使用计算机帮助我们改善学习、生活的知识，正是学习使用计算机的真实用途。

"百科知识竞赛"项目的运行画面如图 19.1 至图 19.3 所示。它是一个自动出题、判断和统计成绩的完整系统。程序运行开始，小猫将"说"出一道题目，并弹出输入框，等待用户输入选择的答案，后台将记录回答正确的题目数量，并在答题结束后，告知测试者。这套系统在没有 Scratch 之前，即使专业编程人员来设计，也需要花费相当长的时间，而现在，小学生使用 Scratch 也可轻松完成该项目的设计，足可见 Scratch 在功能设计上的强大优势。

- 控制方式：点击"开始"按钮开始答题,用键盘输入数字进行回答。
- 结束条件：回答 10 道题目。
- 可玩性：题目随机，有得分和用时报告。

图 19.1 项目开始

图 19.2 答题进行中

图 19.3 答题结束

## 19.1 设计导图

在设计"百科知识竞赛"这一项目时,我们选择一个教室的图片作为背景。角色造型选择经典小猫。程序一开始将试题加入题库部分,设计成每次加入一题的方式,方便后期拓展。每次测试结束后,都将汇报本次测试成绩,大家还可以设计出统计错题系统。每次测试结束后,汇报做错题目的准确答案,以帮助大家改正错误。

"百科知识竞赛"项目按照对象整理的思维导图如图19.4所示。按对象制作的思维导图,方便大家快速组织起 Scratch 项目的所有素材。稍微复杂一些的项目,需要对程序执行流程进行系统分析,以帮助大家整理思路,优化算法。

第 19 章　创新应用：百科知识竞赛

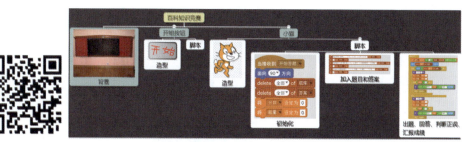

图 19.4　思维导图

## 19.2　制作过程

程序执行的流程分为两大类：第一类是单线程，也就是，从开始到结束，只有一条执行路线；第二类是多线程，也称为多任务。Scratch 支持多任务。就连"当绿旗被点击"也可以放入多个，点击绿旗后，多个任务同时执行。

"百科知识竞赛"项目的程序执行流程图如图 19.5 所示。当绿旗被点击后，将显示出"开始"按钮。同时，有两种开始标志进入等待状态，第一个是角色"开始"按钮的"当角色被点击时"开始标志开始的程序，进入等待状态；第二个是角色"开始"按钮的"当接收到'开始答题'"广播开始标志开始的程序，进入等待状态。当相应等待条件满足后，这两种进入等待的事件立即启动。

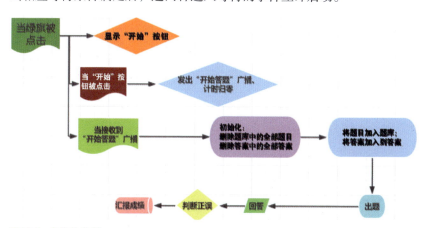

图 19.5　程序流程图

### 19.2.1　设计"开始"按钮角色

绘制一个"开始"按钮，如图 19.6 所示，这个"开始"按钮组成了一个项目封面，还可以在这个角色里填写一些项目说明等。这个按钮也是一个等待画面，用户点击这个按钮后，答题才会开始。这样，就避免了用户一点击绿旗就开始答题的情况。

"开始"按钮的脚本如图19.7所示。当绿旗被点击后,将"开始"按钮显示出来。之后的程序可能将它隐藏起来,所以,当重新运行时,应该将"开始"按钮显示出来。

"开始"按钮的第二个脚本是"当角色被点击时",广播"开始答题",以通知小猫角色开始出题,之后,自身隐藏起来,以免挡住小猫出题。同时,计时器归零,计时开始。

图19.6 "开始"按钮

图19.7 "开始"按钮的脚本

### 19.2.2 设计小猫角色的造型和脚本

打开角色库中的小猫造型,用鼠标将其拖动到适当的位置。本项目中小猫不做任何动作,只是站在那里。

**1. 初始化**

设计小猫的出题功能,在"当接收到'开始答题'"广播后,做一些初始化设置,如图19.8所示。将小猫面向舞台右方,同时删除题库中的全部记录,删除答案库中的全部记录。把题库和答案库全部清空,其原因是Scratch打开"百科知识竞赛"项目后,每运行一次,都会将题目加入题库,将答案加入答案库,越加越多,库越变越大,所以需要先全部删除。

图19.8 初始化脚本

同时,将用于记录分数的变量清零,以便重新记录;将变量"题量"清零,以便记录题库中题目的总数。

**2. 将题目加入题库和将答案加入答案库**

初始化完成后,就可以将题目加入题库,将答案加入答案库了。如图19.9所示,这是加入一道题目和答案的脚本。需要特别注意的是,将题目加入到"题库"链表后,与这道题目相对应,应该立即将这道题目的答案加入"答案"链表中。不论是加入题目还是加入答案,都是从链表的记录最后依次加入的。所以,在之前的初始化脚本后,所有链表都清空了。这时,再依次把题目加入"题库"链表,把答案加入"答案"链表,才能保证题目和答案一一对应。

图 19.9　将题目加入题库和将答案加入答案库

如图 19.10 所示，按照同样的方法，依次加入其他题目和答案，题目和答案可根据需要随时更新。

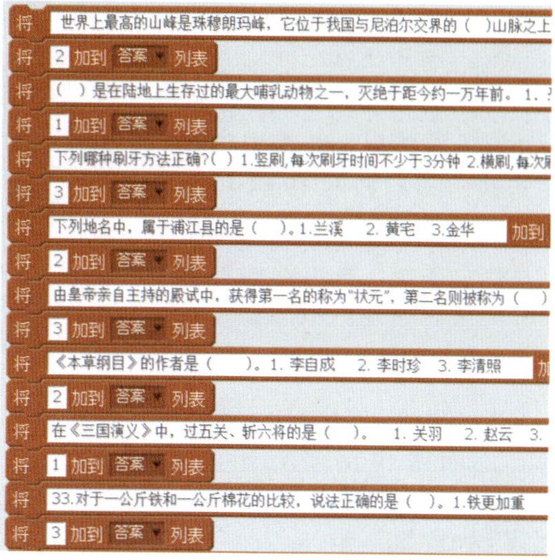

### 3. 出题

接下来的任务是开始出题，如图 19.11 所示，为了体现出考试的随机性，出题序号采用了随机出题的方式。用 [题库▼ 的长度] 获取加入题库的题目数量。通过将"题号"设定为 1 到 [题库▼ 的长度] 之间的随机数，这样，不论更新后的题库有多少道题目，都可以达到随机出题的效果。接下来就是用询问语句，将随机题号的题目"说出来"，并等待用户输入。

### 4. 判断答案正误

在询问窗口中，用户输入的答案记录在"答案"中，如图 19.12 所示。在接下来的判断答案正误的过程中，通过判断"回答"是否等于 [item 题号 of 答案▼]，来实现准确的判断。现在大家是不是感受到了，之前将题目加入到"题库"链表，和将答案加入到"答案"链表要一一对应的重要性？

判断完成后，将变量"分数"增加 1，将变量"题量"增加 1。

### 5. 判断是否达到结束条件

每一个 Scratch 项目都有一个结束条件。本项目设计的结束条件是"题量大于10"，也就是说，回答满 10 道题后，

图 19.10　加入更多的题目和答案

图 19.11　随机出题

图 19.12　判断答案正误

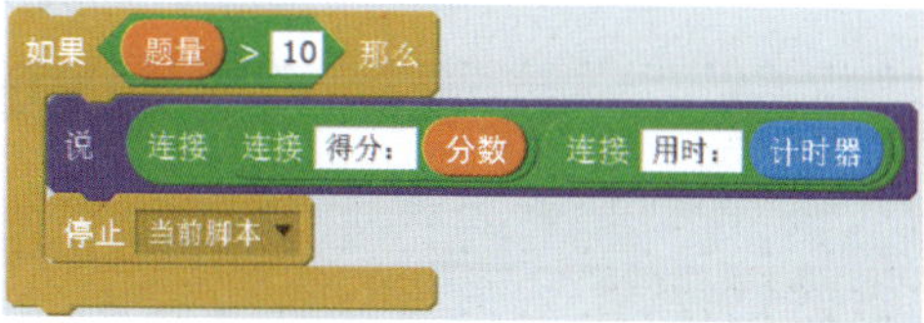

图 19.13　判断是否达到结束条件

答题结束。如图 19.13 所示，用户每回答一道题目后，都将检测是否达到结束条件。如果达到，立即汇报成绩，并结束程序。

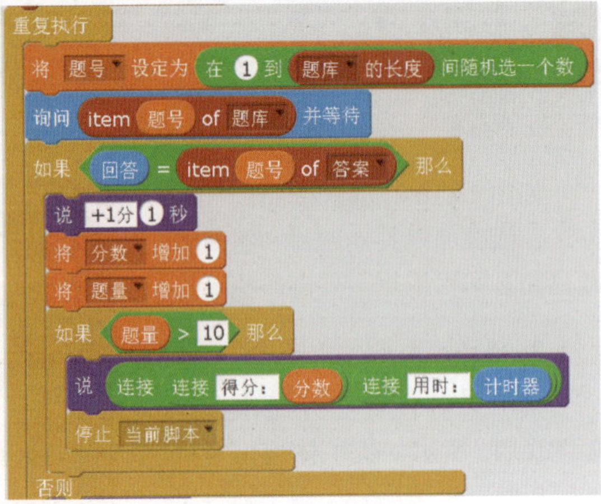

### 6. 回答错误的处理

在判断答案正误的过程中还有一种情况，就是用户回答错误，脚本如图 19.14 和图 19.15 所示。出题和判断部分需重复执行多次，将出题和判断部分的所有模块，全部装入一个 "重复执行" 模块中。

图 19.14　判断部分完整脚本 -1

当检测到回答错误后，将变量 "分数" 增加 -1，也就是减去 1 分，变量 "题量" 增加 1，如图 19.16 所示。

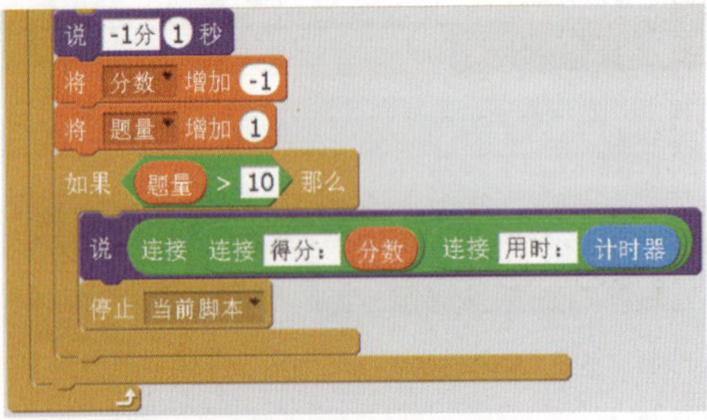

图 19.15　判断部分完整脚本 -2

图 19.16　回答错误的脚本

## 19.3 难点解析

### 1. 加入题目和答案

如图 19.17 所示，题目放置在一个名叫 "题库" 的链表中。每执行一次 "将 X 加到 '题库' 列表"，"题库" 链表的末尾就加入了这道题目。

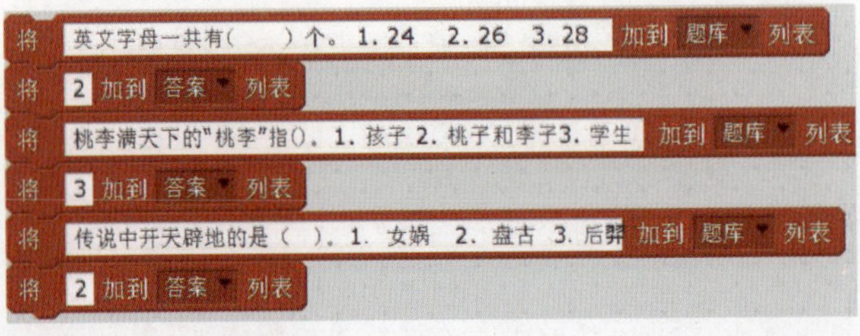

图 19.17　加入题目和答案

随后，执行"将 X 加到'答案'列表"，"答案"链表的末尾就加入了这个题目的答案。

因为加入到"题库"链表和"答案"链表是成对出现的，所以在"题库"链表和"答案"链表中，同样位置里的内容是匹配的。也就是说，"题库"链表中第 N 条记录的答案，记录在"答案"链表中的第 N 条记录。

### 2. 随机出题

如图 19.18 所示，变量"题号"用来记录生成的随机数。随机范围在 1 到 "'题库'的长度"之间。这样一来，前面谈到的加入题目和答案部分，以后还可以继续增加、删除、修改题目，不会影响后面的出题。

获得题号这一随机数后，"询问'题库中的第 X 条记录'并等待"，将从题库中"说"出随机题号的题目，达到出题的效果。

### 3. 回答和判断

如图 19.19 和图 19.20 所示，"询问"模块执行时，舞台上将显示出题目，并出现输入框。这时，测试者可通过键盘输入该题目的答案。在 Scratch 的"回答"中，将记录这一次的输入内容。

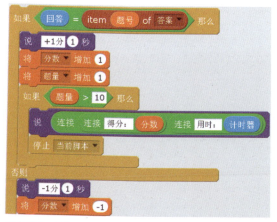

图 19.18 随机出题

图 19.19 判断语句

"如果……那么……否则……"语句的条件是，如果"回答"等于"答案"链表中的"题号"条记录，回答正确；反之，回答错误。

### 4. 拓展

收集测试者回答错误的题目，在测试结束后，汇报出来。

图 19.20 判断